이 책을 읽는 어린이들에게

아마 여러분은 자신이 똑똑하다고 생각하겠지요. 나도 여러분이 똑똑한 어린이일 거라고 생각해요. 여러분은 읽고, 쓰고, 그림 그리는 법, 자전거 타는 법, 컴퓨터 사용하는 법을 알고 있을 거예요. 그 밖에 다른 많은 것들도 잘 알고 있겠지요. 여러분은 이미 많은 걸 배워 지식이 풍부하겠지만, 이 책에 나오는 이야기에도 귀를 기울일 거라고 믿어요.

지금은 어리지만 여러분도 언젠가는 어른이 된답니다. 우리가 살고 있는 이 지구를 보호하려고 애쓰는 용감하고 똑똑한 어른 말이에요. 이 책에 나오는 이야기는 여러분이 그런 어른이 되기 위해 반드시 알아야 하는 것들이랍니다!

이제 아름다운 지구 이야기를 시작해 볼까요?

—게바 실라

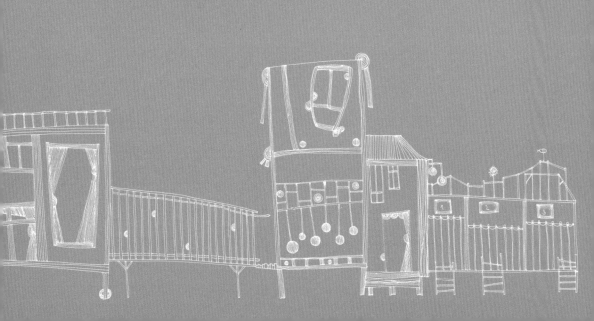

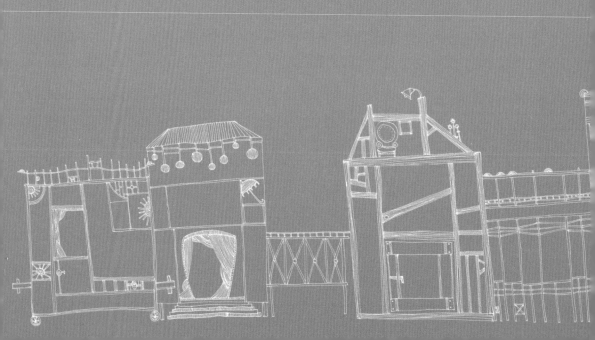

지구의 미래를 생각하는 책

지구에서 계속 살래요

게바 실라 글·그림 | 김배경 옮김

이정모(국립과천과학관 관장) 감수·추천

책속물고기

　지구의 나이는 45억 살 그리고 생명의 나이는 38억 살입니다. 생명의 역사는 무척이나 오래되었지요. 그런데 생명의 역사를 한 마디로 말하면 '멸종의 역사'라고 할 수 있어요.

　멸종이란 어떤 종류의 생명이 지구에 하나도 남지 않고 사라지는 것을 말해요. 멸종은 뭔가 무섭고 슬픈 단어처럼 들리지요? 하지만 그렇지 않아요. 멸종은 생태계에서 아주 자연스러운 일이에요. 그리고 꼭 필요한 일이기도 하고요. 왜냐하면 멸종이 없다면 새로운 생명이 탄생할 수 없기 때문이죠. 우리 인간도 마찬가지예요. 공룡이 지금도 살고 있다면 어떻게 인간이 태어났겠어요?

　따라서 인간이 태어나기 전까지의 멸종은 아주 고마운 일이라고도 할 수 있지요. 문제는 지금부터예요. 우리, 다른 것은 생각하지 말고 우리 인간의 생존만 걱정하기로 해요.

　우리 주변에서 어떤 동물과 식물이 멸종한다고 하면 한두 종류 멸종해도 상관없어요. 다른 동물과 식물이 생겨나서 그 자리를 채워 줄 테니까요. 그런데 여러 종류의 동식물이 한꺼번에 그것도 아주 짧은 시간에 멸종하면 어떻게 될까요? 다른 동식물이 탄생해서 그 자리를 채울 수가 없어요. 생명은 그렇게 빠른 시간에 생기지 않거든요. 먹이사슬이 끊어지기 때문에 멸종의 속도가 점점 더 빨라져요. 이런 것을 '대멸종'이라고 하지요.

　대멸종에는 한 가지 법칙이 있어요. 그것은 바로 '최고 포식자는 반드시 멸

종한다.'라는 것이죠. 지금 최고 포식자는 바로 인간이에요. 우리가 대멸종을 막지 못하면 우리 인간도 멸종할 수밖에 없는 것이랍니다.

우리 호모 사피엔스는 탄생한 지 겨우 20만 년밖에 안 되었어요. 지금 멸종하기에는 너무 아쉬워요. 그리고 우리 인간이 없다면 지구가 무슨 소용이겠어요? 그러니 지구를 위해서라도 우리 인간이 살아남아야 하지요.

인간은 원래 지구를 파괴하는 존재라고 생각하지 마세요. 우리가 트림과 방귀로 내뱉는 온실가스는 정말 조금이거든요. 이걸 보면 지구를 변화시키라고 인간이 탄생한 것은 아닐 거예요. 인간은 지구를 지킬 수 없다고도 생각하지 마세요. 인간은 그 어떤 동물도 상상하지 못하는 일을 하잖아요. 엄청나게 큰 뇌와 협동심 그리고 동정심이 있거든요. 우리가 배우고 느끼고 그리고 행동하면 기후 변화와 대멸종을 막을 수 있을 거예요. 나는 우리 지구에서 계속 살고 싶어요.

이정모(국립과천과학관 관장)

차례

몇 명일까? 몇 명일까? 몇 명일까?
몇 명일까? 몇 명일까? 몇 명일까?

1. 어린이 여러분!

여러분과 나는 동시대인이랍니다. 지금이 2015년이든 20XX년이든, 여러분과 내가 같은 시대를 살고 있다는 뜻이에요. 여러분이 이 책을 읽는 바로 지금, 이 순간 말이지요.

나는 39살이에요.

여러분은 ___살이고요.

자기 얼굴을 그려 보세요!

우리는 모두 인간이에요. 그러니까 여러분과 내가 이 지구에서 오순도순 살고 있는 인류의 구성원이자 가족인 셈이지요. 2015년 1월 2일, 지구상에는 7,285,235,343명이 살고 있어요. 하지만 이 숫자는 항상 똑같은 게 아니라 계

속 바뀌지요. 아기는 계속 태어나고, 죽는 사람도 있으니까요. 그럼 이 길디
긴 숫자를 큰 소리로 한 번 읽어 볼까요? 7,285,235,343

7,285,235,343

　어렵다고요? 하지만 칠십이억 팔천오백이십삼만 오천삼백사십삼은 아무
것도 아니에요. 다음과 같은 어려운 질문을 받지 않는다면 여러분은 정말
행운아일 거예요.

"얘들아, 이 세상 사람들의 귀는
모두 몇 개일까?"

만약 누군가 어느 화창한 날에 이 질문을 한다면 이렇게 말해 주세요.
"14,570,470,686개야! 어디, 또 물어보시지?"

그럼 이 숫자를 같이 읽어 볼까요? 14,570,470,686
(일백사십오억 칠천사십칠만 육백팔십육이라고 읽으면 맞아요.)

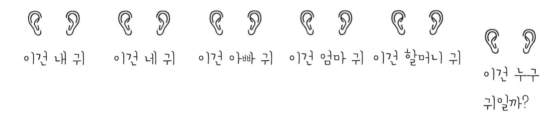

이건 내 귀   이건 네 귀   이건 아빠 귀   이건 엄마 귀   이건 할머니 귀   이건 누구
귀일까?

와, 이러다 끝도 없겠네요!

그럼 인간이 지구에 사는 다른 어떤 동물보다도 많을까요? 천만에요! 그렇지 않아요. 예를 들어, 개미나 어떤 곤충들은 사람 수보다 훨씬 많답니다. 하지만 개미 같은 곤충들은 우리보다 훨씬 작기 때문에 집을 짓고 살 수 있는 공간이 충분하지요. 개미 수가 사람보다 두 배, 아니 열 배가 넘더라도 문제없을걸요? 여기다 그 개미 녀석들을 다 그리진 않을게요. 하지만 개미 한 마리 정도는 그릴 수 있겠군요.

지구상에는 72억 명이 넘는 사람들이 살고 있어요.

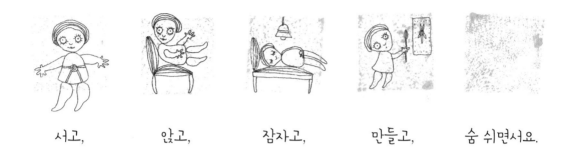

서고,　　　　앉고,　　　　잠자고,　　　　만들고,　　　　숨 쉬면서요.

　한 번은 이런 상상을 해 봤어요. 내가 따뜻한 햇볕을 쬐면서 의자에 앉아 쉬는 동안, 내 발 아래로 12,756킬로미터가 떨어진 지구 반대편에서 누군가 자전거를 타고 깜깜한 밤길을 달리고 있는 모습을요. 그것도 거꾸로 뒤집힌 채 말이지요.

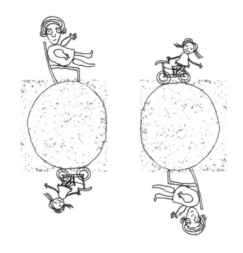

　이건 진짜랍니다! 지구의 있는 모습 그대로지요. 정말 신기하죠?

몇 살일까? 몇 살일까? 몇 살일까?
몇 살일까? 몇 살일까? 몇 살일까?

2. 나도 72억 명 중 하나!

이 세상에 많은 나라가 있다는 사실은 여러분도 잘 알고 있을 거예요. 유엔 회원국만 해도 193개나 된대요. 유엔에 가입하지 않은 나라도 있다고 하니, 지구상에 있는 이 많은 나라들에 어린이들이 얼마나 많을지 상상해 보세요! 그 중에 770만 명쯤은 대한민국에 사는 한국인 어린이들이에요.

이렇게 많은 나라가 있다는 건 이 세상이 민족도 다르고, 언어도 다르고, 종교도 다른 사람들로 가득하다는 뜻이에요. 정말 멋지지 않나요? 그만큼 풍부한 문화와 다양한 삶의 양식이 있어 세상은 더 흥미진진하니까요. 하지만 사람들은 서로 비슷하기도 하답니다. 누구나 손과 다리는 두 개씩, 머리와 몸통은 하나씩이잖아요. 그리고 함박웃음도 서로 닮았지요. (이 그림에다 크게 웃는 아이를 그려 넣어 보세요.)

다시 숫자 이야기로 돌아가 볼까요? 이번에는 '시간'에 대해 살펴봐요. 옛날에는 하늘에 별이 떠 있는 위치를 보고 시간의 흐름을 측정했어요. 계절의 변화나 사람 몸에 일어나는 변화도 별의 위치로 알아챘고요. 이 세상에서 시간은 앞으로만 흘러가요. 아기가 태어나, 자라서 어른이 되고, 나이가 들어 마침내 죽는 것처럼요. 지금 이 순간에도 새로 태어나는 아기들이 있어요. 6살, 15살, 24살, 38살, 96살이 된 사람도 있고요. 심지어 109살이 된 사람도 있죠. 그리고 세상을 떠나는 사람도 있겠지요. 어떤 지혜로운 사람들은 이렇게 말했답니다. "그게 바로 인생이야!" 여러분은 노인으로 태어나 거꾸로 젊어지는 사람을 본 적 있나요? 나는 못 봤어요!

세계 어디나 1년은 365일이에요. 하루는 24시간이고요. 1시간은 60분으로 채워지고, 1분은 60초가 흐르지요. 1년마다 사람들은 한 살씩 더 먹게 돼요. 오늘이 2015년 10월 13일이라고 해 볼까요? 오늘은 여러분의 열 번째 생일이고요. 그럼 여러분은 세상에 태어난 지 3,650일이 됐을 거예요. 나는 오늘로 1만 4,600일이 됐고요. 이만하면 제법 늙은 건가요? 무엇과 비교해서 그렇다는 거죠? 그렇다면 지구의 나이는 몇 살일까요? 지구는 45억 살쯤 됐다고 해요. 45억 년을 날수로 바꾸면, 말도 못 할 정도로 어마어마한 숫자가 될

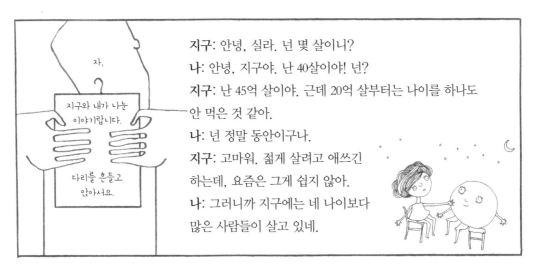

자,

지구와 내가 나눈
이야기랍니다.

다리를 흔들고
앉아서요.

지구: 안녕, 실라. 넌 몇 살이니?

나: 안녕, 지구야. 난 40살이야! 넌?

지구: 난 45억 살이야. 근데 20억 살부터는 나이를 하나도 안 먹은 것 같아.

나: 넌 정말 동안이구나.

지구: 고마워. 젊게 살려고 애쓰긴 하는데, 요즘은 그게 쉽지 않아.

나: 그러니까 지구에는 네 나이보다 많은 사람들이 살고 있네.

거예요.

우리는 나이가 많은 어른을 공경해야 한다고 배웠어요. 지구는 나이가 어마어마하게 많지요. 그런데도 지구를 존중하지 않는 것 같아요. 지구와 마찬가지로 우리도 우주 먼지로 만들어진 존재일 뿐인데도요.

내가 여러분에게 말하고 싶은 게 바로 이거예요. 우리는 나이가 지긋한 지구를 함부로 대해 왔어요. 지구를 오염시키고 파괴해 왔지요. 하지만 조금만 깊이 생각해 보면, 우리 역시 나이 든다

는 걸 알 수 있을 거예요. 그러니 지구를 홀대하는 건 현명한 행동이 아니랍니다. 지구에도 좋을 게 없지만 우리에게도 좋을 게 없죠!

우리는 앉고, 서고, 자고, 놀고, 무언가 만드는 데 시간을 써요. 그뿐 아니라 지구를 오염시키고 해를 끼치는 데도 시간을 많이 쓰지요. '인간'이라는 말에는 여러분도 포함돼요. 여러분도 지구에 살고 있는 약 72억 명 가운데 한 사람이에요. 여러분도 옷을 입고, 자리에 앉아 지금 이 책을 읽고 있잖아요. 인구를 측정하는 학자들이 여러분도 빼놓지 않고 셌어요.

인구 학자들은 지구에 인구가 넘쳐 난다고 말해요. 지구가 사람들에게 줄 수 있는 음식과 물보다 훨씬 더 많은 사람들이 태어난다는 거예요. 그건 생각보다 더 안 좋은 일이랍니다. 배고프고 목마른 사람들이 많다는 뜻이니까요. 2014년만 하더라도 7,500만 명 이상 인구가 늘었어요.

72억 세계 인구 중 한국말을 쓰는 사람은 전 세계에 8,000만 명이 넘어요. 전 세계에 흩어져 사는 해외 교민들까지 합한 수예요. 한국에 살고 있는 사람은 5,000만 명쯤 되지요. 한국말을 쓰는 전 세계의 사람들을 하나하나 센다고 상상해 보세요!

왼쪽에 있는 사진은 어린 시절의 내 모습이에요. 오른쪽에는 여러분 사진을 붙이거나 여러분 모습을 그려 보세요.

넘쳐 나는 인구

3. 나의 생태 발자국은 얼마나 클까?

여러분은 자기 발자국을 살펴본 적 있나요? 얼마나 크던가요? 진흙이나 모래벌판, 아스팔트 위를 걸을 때 생기는 발자국 말고 또 다른 발자국이 있다는 사실도 알고 있나요? 바로 '생태 발자국'이라는 거예요. 다른 말로 '탄소 발자국'이라고도 하지요.

'생태(ecology)'라는 말은 과학 용어예요. '집'을 뜻하는 그리스 말 '오이코스(oikos)'에서 나왔어요. 그리고 가정이나 공동체, 토지를 의미하는 말로도 쓰였어요. 여러분만의 작은 집이 있다고 상상해 보세요. 아담하고 예쁜 집, 귀뚜라미가 우는 정원, 귀여운 강아지와 고양이, 잘 익은 옥수수 밭, 앵두나무, 모기, 찰랑찰랑 넘치는 우물, 길가의 먼지까지. 모두 여러분이 살고 있는 공간과 환경의 일부이고, 그 안에서 여러분

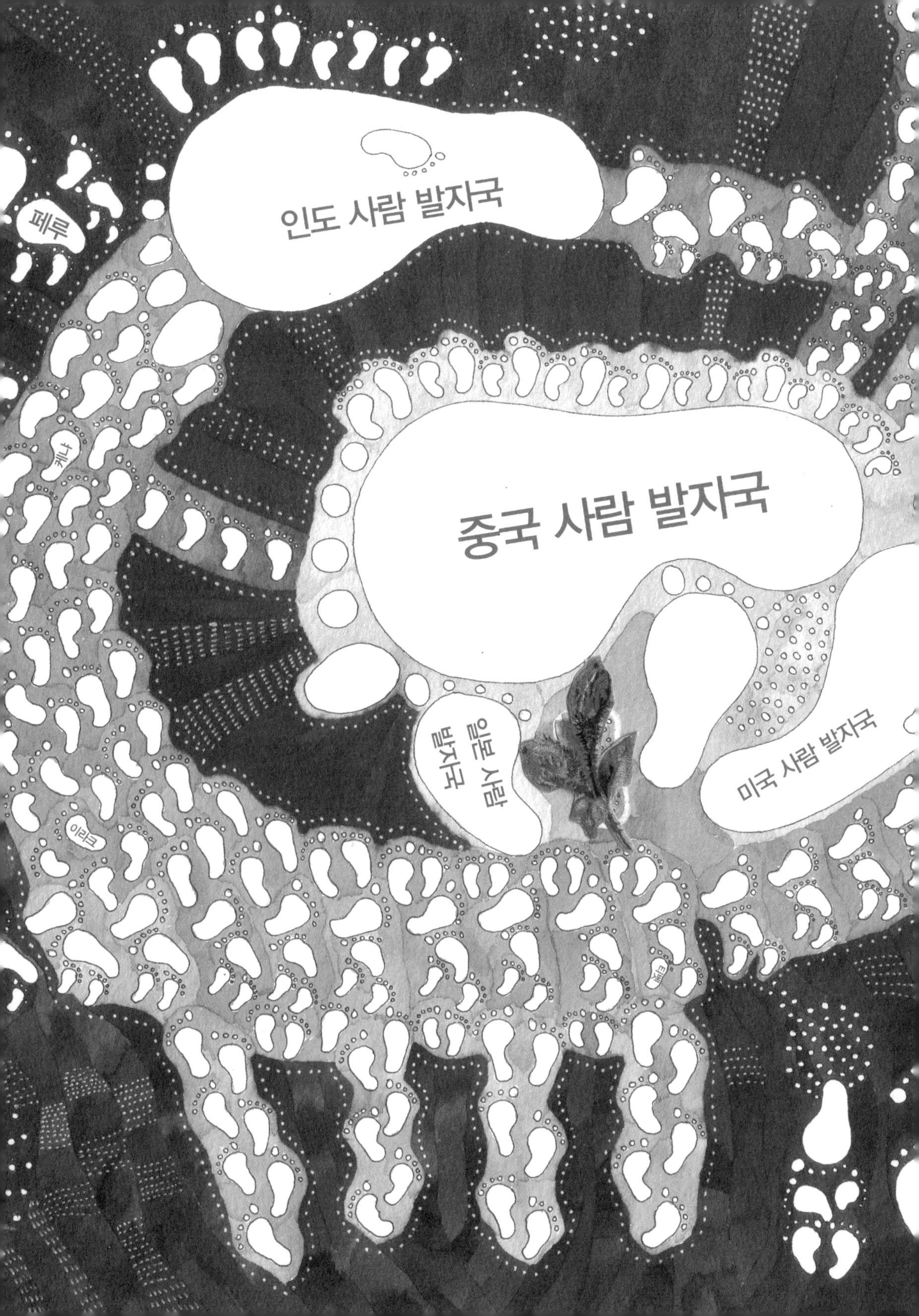

페루
인도 사람 발자국
케냐
중국 사람 발자국
일본 사람 발자국
미국 사람 발자국
이라크
티벳

1평방미터 = 1미터 x 1미터

1헥타르 = 10,000평방미터

1.8헥타르 = 18,000평방미터

3.6헥타르 = 36,000평방미터

과 함께 살고 있는 동식물들이에요! 바로 여러분의 집을 둘러싼 생태계를 이루는 요소지요.

　여기에 나오는 다소 어려운 말들은 이 책 맨 뒤에 자세한 뜻과 함께 적어 두었으니, 무슨 뜻인지 알고 싶으면 찾아보세요. 알겠죠?

　지구의 넓이는 한 사람당 1.8헥타르쯤 가질 수 있는 크기예요. 1.8헥타르는 축구장 3배 정도 되는 크기이고요. 하지만 지구에 사는 사람 수가 늘어날수록 나눠 가질 수 있는 땅 크기가 줄어들겠지요.

　나눠 갖는다는 게 무슨 말이냐면, 지구를 72억 명 분으로 조각조각 나누면 각자 그만큼의 땅을 가지고 그 안에서 살아야 한다는 뜻이에요. 이해가 되나요?

　자, 여러분이 1.8헥타르씩 땅을 갖게 된다고 생각해 봐요. 그럼 여러분은 그 땅에 살고 있는 식물과 동물을 모두 책임져야 해요. 우물을 파서 땅에 물을 대 주어야 하고, 쓰레기도 치우고, 여러분이 먹을 곡식도 직접 길러야 해요. 참, 고기와 우유를 머고 싶다면 가축두 키워야 할 거예요 얼마나 재미있을까요? 내가 가진 땅을 내 생각대로 깨끗하고 질서 있게 다스린다니!

하지만 현실은 이런 생각과는 달라요. 세상에는 자기 땅이 한 뼘도 없는 사람이 있는가 하면, 끝이 보이지 않을 정도로 드넓은 땅을 가진 사람도 있거든요. 자기 땅을 깨끗하고 아름답게 잘 돌보는 사람도 있지만, 환경이 얼마나 오염되든 상관하지 않는 사람도 있어요. 불공평하다고요? 맞아요. 하지만 세상이 이렇게 돌아가는 이유는, 여기서 여러분에게 다 설명할 수 없을 정도로 복잡하답니다.

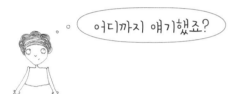

어디까지 얘기했죠?

아, 그래요. 만약 여러분이 어떤 큰 도시에 살고 있다면, 1.8헥타르보다 훨씬 더 넓은 땅이 필요해요. 왜냐고요? 음, 예를 들어 볼게요. 사과가 먹고 싶다면 나무를 심을 자그마한 땅뙈기와 사과나무, 그리고 물만 있으면 될 거예요. 1.8헥타르의 땅으로 충분하죠. 하지만 우리가 도시에서 매일 타고 다니는 버스를 만들려면 20헥타르

정도의 땅이 있어야 공장을 지을 수 있어요. 점점 복잡해지는군요, 그렇죠? 하지만 난 아직 여러분에게 집을 따뜻하게 덥히거나 불을 밝히는 데 필요한 가스나 전기 이야기는 꺼내지도 않았어요. 역이나 발전소를 세울 때 파이프와 전선을 수백 미터씩 연결하느라 얼마나 많은 시간과 돈이 드는지에 대해

서도 말하지 않았고요. 그러니까 도시에 산다는 건 정말 비용이 많이 드는 일이에요. 결국 도시에서 살아남기 위해서는 1.8헥타르가 아니라, 3.6헥타르의 땅이 필요하답니다.

모든 사람이 살아남기 위해 3.6헥타르의 땅이 필요하다면, 지구만큼 큰 다른 행성이 하나 더 있어야 할 거예요. 배고픈 사람들을 먹일 곡식과 가축을 기를 땅이 필요하니까요. 하지만 어디서 지구를 또 얻는단 말이죠?

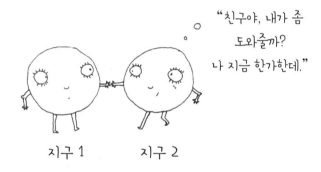

"친구야, 내가 좀 도와줄까?
나 지금 한가한데."

지구 1   지구 2

지구에 사는 72억 사람들 모두에게 눈에 보이지 않는 가상의 생태 발자국이 있다는 말은 농담이 아니에요. 하지만 어떤 사람의 발자국은 더 크고, 어떤 사람의 발자국은 더 작지요. 생태 발자국의 크기는 그 사람이 어디에서, 어떻게 사느냐에 따라 달라져요. 이 발자국이 크면 클수록, 주변의 환경을 많이 오염시키는 것이지요. 그렇다고 발자국이 큰 사람들을 비난할 수는 없어요. 지금과 같은 환경에서 살다 보면 생태 발자국이 커지기 십상이거든요.

이렇게 행동할 때 생태 발자국이 커져요.

★ 휴가 때마다 비행기를 타고 놀러 가요.

★ 매일 부모님 자동차를 타고 학교에 가요.

★ 겨울에 가스 난방을 해요.

★ 다른 나라에서 수입한 곡식과 음식을
많이 먹어요.

왜 그런지 이유를 살펴볼까요?

지구에는 오랫동안 아주 좋은 환경을 누려 온 부자 나라들이 있어요. 마실
물도 풍부하고, 덥지도 춥지도 않은 환경을 가진 나라들이죠. 이런 나
라에 사는 사람들은 깨끗한 물을 마시고, 먹을 것도 많고, 커다란
집을 짓고, 자동차도 여러 대 가지고 살고 있어요. 부자 나라 사람
이라고 모두 부자는 아니지만, 대부분 부유하게 사는 편이지요. 미
국이나 유럽의 많은 나라들이 이런 부자 나라에 속해요. 한국
도 부자 나라에 속한답니다. 하지만 부자 나라에 사는 건, 돈
이 많이 들고 낭비도 심해요. 생태 발자국도 무척 커지지요.
한국에서 가장 큰 도시, 서울에 살고 있다는 건 큰 발자국을
만드는 방식으로 산다는 뜻이에요. 하지만 난 큰 발이 싫어요. 그
래서 생태 발자국 크기를 줄여 보기로 결심했답니다!

나는 큰
발이 싫어요!

21

커다란 생태 발자국을 줄이려면 어떻게 해야 할까요? 혹시 좋은 생각이 떠오르나요? 아래에 그려 보세요.

내가 생각해 낸 방법을 적어 볼게요.

● 꼭 필요한 경우가 아니면, 자동차를 타지 않아요!

● 방에서 나올 땐 꼭 불을 꺼요.

● 샤워를 오래 하지 않아요. 물을 데우려면 가스와 전

기가 많이 드니까요!

요약하면 에너지를 아끼라는 말이에요! 에너지를 절약하면, 생태 발자국 크기를 줄일 수 있어요. 발자국 크기를 줄일 방법이 몇 개 더 떠오르긴 하지만, 나중에 알려 줄게요. 괜찮죠? 그런 이제 처음부터 이야기를 시작해야겠군요.

언제부터? 언제부터? 언제부터?
언제부터? 언제부터? 언제부터?

4. 인류와 지구의 역사가 처음 시작된 순간

우리는 들에 농사를 짓고, 드넓은 풀밭에 가축을 풀어 키우며, 나무를 베어 쓰고, 땅속에 송유관을 묻어 석유를 운반합니다. 아주 옛날에는 사람들이 지구의 자연스러운 순환을 지금처럼은 해치지 않았어요. 하지만 그땐 사람들도 훨씬 적었고, 수명도 짧았고, 생존을 위해 그렇게 여러 가지 기술이 필요하지도 않았죠. 그런 시대에도 지구의 기후는 변했답니다. 하지만 과학자들은 당시의 기후 변화는 아주아주 천천히 일어났다고 말해요. 상상할 수 없을 만큼 오랜 빙하기와 지구 온난화의 시기가 있었지만, 이때는 이런 변화와 우리 인간은 아무 상관이 없었지요.

우리는 아무 간섭도 하지 않았고,
아무 해도 저지르지 않았고,
어떤 행동도 하지 않았으니까요.

우리 인류의 조상들은 그저 혹독하게 추운 날씨와 찜통 같은 더위에 적응하려고 애썼을 뿐이에요. 정말 그 외엔 아무것도 하지 않았죠. 인간은 항상

23

살아남기 위해 효과적인 기술들을 생각해 내야 했어요. 그래서 수천 년에 걸쳐 삶의 질을 훨씬 높일 수 있는 방법을 계속 찾아냈지요. 그러는 사이 우리 인간은 정말 창조적인 존재가 되었답니다. 와우!

내가 여러분에게 알려 주고 싶은 게 이거예요. 인간은 완벽한 존재는 아니지만 재주가 아주 많다고요! 실험을 하면 할수록 지구라는 이 행성에 대한 훌륭한 사실을 더 많이 알게 되었고요, 수많은 발명품도 만들어 낼 수 있었어요. 물론 그 발명품들이 환경에 어떤 영향을 끼칠 것인지는 몰랐겠죠. 사실, 알 수도 없었을 거예요.

예를 들어 볼까요? 자동차는 약 130년 전에 발명됐어요. 정말 대단하죠! 자동차에는 가솔린 엔진이 널리 쓰이고 있어요. 오른쪽 그림은 가솔린 엔진 개발에 성공한 칼 벤츠와 고틀리프 다임러가 꽃다발을 던지며 자축하는 순간을 상상해서 그린 거예요. 벤츠와 다임러는 가솔린 엔진을 누가 먼저 개발했는지를 두고 서로 다투었어요. 하지만 두 사람의 힘을 합쳐 만든 다임러 벤츠 회사는 수백만 대의 자동차를 생산하는 큰 기업이 되었죠.

자동차는 정말 멋진 발명품이에요.

⭐ 목적지로 빨리 이동할 수 있게 해 주니까요.

⭐ 구급차가 없었다면 어땠을까요? 소방차가 없었다면요?

⭐ 자동차가 있어서 농사를 짓는 것도 더 편리해졌어요.

⭐ 게다가 무거운 시장바구니를 들고 집까지 걸어가지 않아도 되잖아요.

⭐ 버스는 여럿이 함께 탈 수 있는 교통수단이죠!

이런 자동차들은 석유를 넣어요. 엔진이 석유를 연소시켜야 자동차를 움직일 에너지를 얻을 수 있으니까요. 그런데 이렇게 석유를 연소시킬 때 생기는 부작용이 있어요. 공기 중으로 나온 배기가스에 이산화탄소가 들어 있

거든요. 이산화탄소는 지구의 대기를 뜨겁게 만드는 온실가스 중 하나죠. 얼마나 안타까운 일인가요! 석유 대신 다른 연료로 움직일 수 있는 자동차를 만들 때가 된 건지도 모르겠군요. 초콜릿으로 달리는 자동차는 어때요? 이상한가요? 더 좋은 아이디어 없나요? 아래 빈 자리에다가 여러분의 아이디어를 담아 자동차를 그려 봐요.

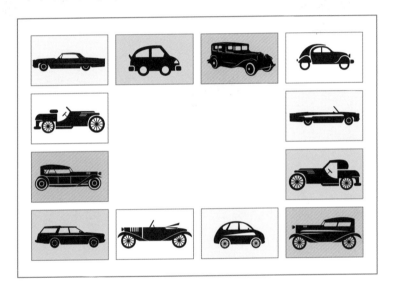

　혹시 전기 자동차를 그렸나요? 아니면 전기와 휘발유, 이 두 가지 에너지를 모두 사용하는 하이브리드 자동차를 생각했나요? 하이브리드 자동차는 전기 모터로 시동을 걸고, 엔진의 힘으로 바퀴를 움직여요. 자동차가 달릴 때 배터리가 충전되니까 따로 충전할 필요도 없어요. 전기 모터가 엔진을 도와줘서 휘발유를 아낄 수 있는 자동차죠. 휘발유를 석게 쓸 수 있으니까 물론 환경을 해치는 배기가스도 조금 적게 나와요. 환경을 아예 해치지 않는 건 아니지만요.

2003년 미국 캘리포니아 주에서는 전기 자동차를 만드는 테슬라 모터스라는 회사가 문을 열었어요. 이 회사의 이름은 지금 우리가 사용하고 있는 '전기 교류 시스템'을 만든 과학자 니콜라 테슬라의 이름에서 따왔죠. 테슬라 모터스는 평범한 사람들도 살 수 있는 값싼 전기 자동차를 만드는 것이 목표라고 해요.

무척 반가운 소식이죠! 전기 에너지로 달리는 자동차는 휘발유 자동차보다 환경을 훨씬 덜 해치니까요. 하지만 전기 자동차라고 해서 환경을 전혀 오염시키지 않는 것은 아니에요. 전기를 만드는 대부분의 과정에서 환경에 나쁜 물질이 나오거든요. 또한 전기 자동차를 타려면 고속도로에 주유소가 있는 것처럼 '전기 충전소'를 세워야 해요. 그래야 휘발유 대신 전기를 충전해서 자동차가 달릴 수 있을 테니까요.

모든 발명품이 위대한 것은 아니에요. 모두가 해로운 것도 아니고요. 분명한 것은 기계나 공장, 발명품 중에는 지구에 심각한 문제를 일으킬 만한 것도 있다는 사실이에요. 100년 전, 또는 50년 전에는 아무도 이 사실을 깨닫지 못했어요. 우리 잘못은 아니지요. 하지만 미래를 내다볼 줄 아는 현명하고 양심적인 사람들도 있어요. 그들은 이렇게 외치고 있지요.

"이러면 안 돼요. 자꾸 그러다 보면 우리 모두 불행해진다고요!"

다른 사람들이 생각을 바꿀 수 있도록 이렇게 외치는 사람들은 얼마 되지 않아요. 용기가 필요한 일이죠. 하지만 그 말조차 좀처럼 믿으려 하지 않으니, 정말 안타까운 노릇이에요.

5. 지구 온난화는 왜 나쁠까요?

우리가 사는 지구는 계속 따뜻해지고 있어요. 우리가 만든 아주 정밀한 온도계 덕분에 이 사실을 알 수 있어요. 기온을 잴 때마다 지구의 평균 기온이 계속 높아지고 있거든요. 그래서 빙하가 녹고, 바닷물 표면의 높이가 계속 올라가고 있다는 사실도 우리는 알아요. 기후 변화를 연구하는 과학자들은 이런 상황을 알렸지만 헛수고였지요. 왜냐하면 사람들이 이런 경고를 심각하게 받아들이지 않고, 증거를 더 대라고만 했기 때문이에요. 지구 온난화를 막기 위한 노력은 아무것도 하지 않으면서요. 사람들은 온난화의 심각성을 오랫동안 몰랐어요. 지구는 아주 천천히 따뜻해지고 있기 때문에 우리 손자의 손자 세대에 가서나 영향을 미칠 거라고 생각한 거예요. 그러니 벌써부터 신경 쓸 필요가 없다고 말이지요. 하지만 이건 정말 큰 실수였어요.

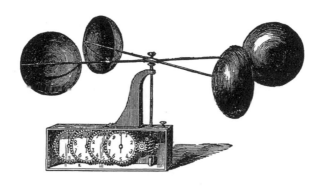

오늘날 지구에는 과학자들이 '온실 효과'라고 부르는 현상이 나타나고 있어요. 여러분도 이 말을 들어 봤을 거예요. 온실 효과가 정확히 어떤 현상인지 알고 있나요? 쉽게 설명해 볼게요. 우리가 태양 광선이 되었다고 상상해 보세요. 우리는 태양에서 출발해서 빛의 속도로 지구를 향해 날아갈 거예요. 곧 어딘가에 도착하면 정말 좋을 것 같다는 생각을 하며, 8분 동안 우주 공간을 지나가지요.

주목
하세요!

우리가 태양 광선이라면 태양에서 지구까지 8분 만에 갈 수 있겠지만, 빨간 스포츠카를 타고 가는 호기심 많은 사람들이라면 200년은 걸릴 거예요. 시속 160km로 달린다고 해도요. 걸어가면 얼마나 걸리냐고요? 꿈도 꾸지 마세요!

외기권

열권

중간권

성층권

대류권

짧은 태양 광선이 들어오고 있어요

긴 태양

태양의 선물, 열

드디어 푸르게 빛나는 지구가 눈에 들어오네요. 우리는 그 아름다운 모습에 감탄하며 지구를 향해 돌진해요. 우리는 정말 용감해요, 그렇죠? 처음에 우리는 지구를 둘러싸고 있는 투명한 대기층 다섯 개를 통과해요. 이때까지는 여기를 자유롭게 뚫고 갈 수 있어요. 왜냐하면 우린 아직 파장이 짧은 광선이기 때문이지요. 짧은 곱슬머리를 한 광선을 상상하면 돼요. 우리는 다섯 개의 층을 뚫은 다음 지구에 부딪히지요. 우린 마음이 아주 따뜻한 광선이기 때문에 지구에 열을 떼어 줘요. 그래도 아프지 않답니다. 우린 아무런 형체가 없기 때문에 다칠 수도 없어요. 하지만 열을 전해 준 다음 우리는 파장이 긴 광선으로 변해요. 우리의 짧은 곱슬머리가 긴 곱슬머리가 되는 거예요. 왼쪽 그림처럼요. 하지만 우리에게 몸이 없다고 해서, 빈손으로 온 것은 아니에요! 우리가 지구에 가져온 태양의 선물은 바로 열이랍니다. 열은 태양 에너지예요. 내 친구 광선들은 지구의 중심을 향해 여행을 계속해요. 우리는 지구 표면에서 튕겨 나와요. 우리 일행 중에는 지구 표면까지 닿지 못하는 광선도 있어요. 오는 도중에 구름 꼭대기에 부딪히면 대기 중으로 도로 튕겨 나가 버리기 때문이지요.

"얘들아, 조심하렴!"

우리는 지구에 열을 많이 주지만, 우리 자신을 위해서도 열을 조금 남

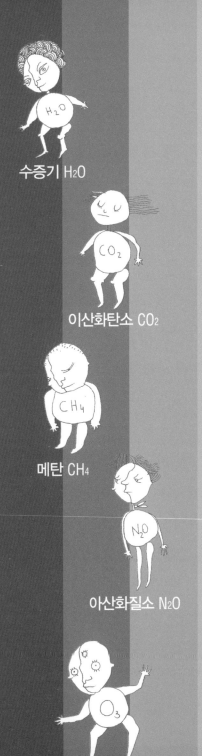

수증기 H₂O

이산화탄소 CO₂

메탄 CH₄

아산화질소 N₂O

오존 O₃

겨 둬요. 지구에 열을 나눠 준 다음에는 남은 에너지를 가지고 다시 대기 중으로 날아가요. 빛은 통과시키면서 열은 빼앗으려 하는 대기층에 가로막히지만 않는다면요. 하지만 우리가 아래로 내려가려 할 땐 친절하게도 길을 비켜 주지요.

다시 지구인의 입장으로 돌아가 볼까요? 태양 광선이 지구에 도착할 때, 지구 대기 중에 있는 대기의 수호자들에게는 이런 명령이 떨어진답니다. "파장이 긴 광선을 붙잡으라!" 그런데 이 대기의 수호자들이 누구냐고요? 그중에서 가장 유명한 구성원들만 말할게요. 우선 증발한 물이 기체가 된 수증기가 있어요. 그리고 '지구 온난화'의 주범인 이산화탄소가 있고요. '난폭한' 메탄, '웃음가스'라고도 부르는 아산화질소, '착한' 오존도 있어요. 오존은 두 번째 대기층에 있는 얇은 막을 이뤄요. 이 막은 자외선 같은 대기 밖의 유해한 광선으로부터 우리를 보호해 주지요.

이 수호자들을 '온실가스'라고 불러요. 온실가스는 지구의 대기 중에 수억 년 동안 머물러 있었어요. 지구상에 생명이 피어날 수 있었던 것도 고마운 온실가스 덕분이지요. 온실가스가 적당한 두께

로 지구를 덮어 줬기 때문에 지구의 온도가 너무 내려가거나 높아지지 않을
수 있었던 거죠.

놓칠 수 없는 한 장면

태양 광선: (몹시 괴로워하며) 온실가스가
열을 너무 많이 잡고 있네! 200년 전에 여
행 왔을 땐 가스가 이렇게 많지 않았는데.
내가 이용당하는 기분이야!
온실가스: 태양 광선들아, 이 아름다운 지구를 조금만 더 따뜻하게
해 주렴.

대기의 수호자들은 태양 광선의 빛은 통과시키지만, 열은 잡아서 다시 대
기 밖으로 보내요. 이 과정을 '온실 효과'라고 한답니다.

온실가스들이 지구를 감싸고 있지 않다면, 지구의 평균 기온은 지금처럼
쾌적한 15도 정도가 아니라 영하 17도는 되었을 거예요. 이 가스층은 수억
년 동안 지구의 기온을 따뜻하게 유지하는 아주 중요한 역할을 했답니다.
이것을 파괴하면 절대 안 돼요! 갑자기 추워질지도 모르니까요.

하지만 지금 어떤 일이 벌어지고 있나요? 지구는 점점 더 따뜻해져서 평
균 기온이 계속 높아져요. 이것도 온실가스 때문인데, 비밀은 바로 그 두께
에 있어요. 온실가스 층이 너무 두꺼워져서 지구에 열을 너무 많이 보내고
있는 거예요. 온실 효과가 강해진 거지요. 그런데 이 가스층은 왜 두꺼워진
걸까요? 이런 현상에는 자연적인 원인과 인간에게서 비롯된 원인이 있어요.

먼저 자연적인 이유를 살펴볼까요.

★ 화산 활동으로 너무 많은 이산화탄소와 다른 온실가스들이 대기 중에 들어갔기 때문이에요.

★ 소가 먹이를 먹고 소화를 시키면서 "끄윽", "철푸덕" 하는 과정을 통해 만들어진 메탄이 온실 효과를 늘어나게 했어요. 지금은 역사상 그 어느 때보다 소가 많아요. 소가 트림을 하고 방귀를 뀌는 건 자연적인 현상이지만 이렇게 소가 늘어난 것은 자연적인 이유만은 아니랍니다.

★ 태양이라고 하는 별이 우리에게 항상 똑같은 빛과 열을 보내는 것은 아니거든요. 태양의 활동은 지구의 기후 변화에 큰 역할을 해요.

인간에게서 비롯된 이유는 다음과 같아요.

★ 석탄과 석유, 천연가스를 너무 많이 때고 있어요. 그 결과 많은 양의 이산화탄소가 대기 중에 들어가고 있답니다.

★ 열대 우림을 비롯해서 숲을 너무 많이 파괴했어요. 그래서 이산화탄소가 대기 중에 너무 많이 들어간 거예요.

하지만 만약 인류가 정말 똑똑하다면, 대기 속에 들어간 그 많은 온실가스를 왜 제거하지 않는 걸까요? 이산화탄소나 메탄을 먹어 치우는 장비를 왜 사용하지 않죠? 혹시 여러분에게 좋은 아이디어 없나요?

사실 우리는 이산화탄소를 먹어 치우는 장비가 있어요. 바로 숲이죠. 마을 곳곳에 있는 크고 작은 숲, 정글, 열대 우림은 이산화탄소를 흡수하기 때문에, 지구상에 꼭 필요해요. 나무는 아침 식사로 이산화탄소를 먹고 트림으로 산소를 내뿜는 셈이거든요! 식물을 키우는 데는 돈도 별로 들지 않죠. 그런데도 우리가 1분마다 축구장 35개 크기 정도의 숲을 없앤다니, 정말 이해하기 힘들죠? 지금 이 순간에도 벌어지고 있는 엄연한 현실이에요! 도대체누가 이런 일을 바랐을까요? 난 절대로 아니에요. 숲이 이렇게 빠르게 사라지는 것을 생각하면 아직도 열대 우림이 남아 있다는 게 놀라울 정도예요.

어느 순간, 인간은 스스로 너그러워지기 어려운 존재라는 사실을 깨달았어요. 하지만 어떻게 해야 너그러워질 수 있는지 가르쳐 줄 수 있는 현명한사람들이 옛날에도 있었고, 지금도 있지요. 한 가지는 분명해요. 돈이 많거나 유명하다고 해서 너그러워지는 것은 아니라는 사실이에요.

그런데 잠깐. 지구가 따뜻해지는 것이 왜 문제가 되는 걸까요? 추운 것보다는 따뜻한 것을 더 좋아하는 사람이 그렇게나 많은데 말이에요.

그 이유는 다음 장에 있어요.

지구가 따뜻해지면 일어나는 일들

● 지구가 따뜻해지면, 극지방의 빙하가 녹기 시작해 해수면의 높이가 높아져요. 그러면 육지 면적이 줄어들고, 어떤 섬은 바다에 잠길지도 모르죠.

● 산꼭대기를 하얗게 뒤덮고 있는 만년설은 지구 온난화를 늦춰 줘요. 만년설이 태양 광선의 약 90퍼센트를 반사시키기 때문이지요. 이처럼 얼음이 뒤덮인 지역이 녹기 시작하면, 온난화가 점점 더 빨라지게 돼요.

● 지구가 따뜻해지면, 식수 공급 체계가 무너지게 돼요.

● 지구가 따뜻해지면, 더 많은 양의 물이 증발해 대기 중에 수증기가 더 많아지죠. 수증기도 온실 효과를 가속화시키는 온실가스예요.

● 지구가 따뜻해지면, 계절의 구분이 없어진답니다!

● 지구가 지금과 같은 속도로 온도가 계속 올라간다면, 날씨가 점점 더 예측하기 어렵고 변덕스러워질 거예요.

● 지구가 따뜻해지면, 어떤 지역에 폭풍우가 몰아치는 동안 또 다른 지역에서는 가뭄이 들 수도 있답니다. 비가 너무 많이 내리는 것도 좋지 않아요. 왜냐하면 사람은 말할 것도 없고, 동물, 식물들에까지 해를 끼치는 홍수가 일어나니까요.

● 지구가 따뜻해지면, 동물과 식물들도 혼란스러워질 거예요. 벌은 제때에 꽃가루를 옮기지 못해 꿀을 생산할 수 없게 되고, 밀이나 쌀, 보리, 해바라기 같은 식물에도 물이 공급되지 못할 거예요. 이 식물들은 우리가 먹는 식량인데 말이지요. 결국 우리가 먹을 게 하나도 안 남게 되는 거죠.

여러분도 알겠지만 지구를 살리기 위해서는 지금 당장 온실가스 배출량을 줄여야 해요. 불행하게도 많은 나라들이 이런 노력을 하겠다고 선뜻 나서지 못하고 있으니까요.

왜냐하면 돈이 물이나 음식, 깨끗한 공기만큼 중요하지는 않으니까요.

그러려면 석탄, 천연가스나 등유, 휘발유도 덜 사용해야 해요. 왜냐하면 비용이 많이 들고...

이렇게 이런 자원의 사용을 줄일지 의논하기 위해서요. 이후 협의를 통해 모두가 만족할 만한 합의점을 찾아야 해요.

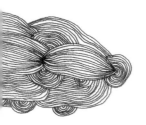

어디에서? 어디에서? 어디에서?
어디에서? 어디에서? 어디에서?

6. 왜 물이 줄어드는 걸까요?

지구 표면의 약 74퍼센트는 물이 차지하고 있어요. 그런데 왜 마실 물이 부족하다고 하는 걸까요? 지구에 있는 물의 대부분이 소금기가 많은 바닷물이고, 마실 수 있는 식수는 얼마 되지 않기 때문이에요. 마실 수 있는 물의 대부분은 남극과 북극에 있는 빙산인데, 이 빙산들이 모두 녹아 바다로 흘러 들어간다면 그만큼 마실 수 있는 물이 줄어드는 거지요.

바다에 물이 얼마나 많은지는 중요하지 않아요. 왜냐하면 바닷물은 너무 짜서 인간도, 동식물도 마실 수 없기 때문이지요. 생각할 게 참 많은 문제네요, 그렇죠?

구름에서 내리는 빗물, 강이나 호수에 있는 물은 마실 수 있어요. 그런데 마실 수 있는 식수도, 바다에 있는 바닷물도 성분을 나타내는 분자식은 같아요. H_2O지요. 수증기를 가리킬 때도 이 기호를 쓴답니다. 영어를 모르는 사람도 이 기호를 보면 물을 말한다는 걸 알 수 있어요.

간단한 실험을 하나 해 볼까요? 비 오는 날 밖에 나가서 하늘을 향해 입을 벌려 보세요. 비는 짠맛이 날까요? 그렇지 않을까요?

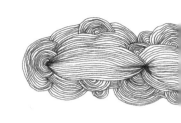

　우리 몸의 60~70퍼센트는 물로 이루어져 있어요. 물론 마실 수 있는 물이랍니다. 사람과 동물만 물을 마시는 게 아니에요. 식물들에게도 물이 필요하고, 물에서 자라는 식물도 있어요. 그래서 식수의 73퍼센트는 물에서 사는 수생 식물에 공급되고 있어요. 이렇게 물이 필요하다면 왜 바닷물을 식수로 바꾸지 않는 걸까요?

　내가 과학자인 친구에게 사람들이 왜 바닷물을 식수로 바꾸지 않는지 물어보았어요. 그럼 물 부족 문제를 해결할 수 있을 텐데 말이에요. 그 친구가 뭐라고 대답했는지 아세요? 지금의 과학 기술로는 바닷물을 식수로 바꾸는 탈염 시설을 세우는 데 비용이 너무 많이 든대요. 하지만 여러분이라면 저렴한 비용으로 탈염 시설을 세울 방법을 알아낼 수 있을 거예요. 그럼 노벨상도 받을 수 있겠지요. 노벨상은 처음엔 불가능해 보이던 것도 열심히 노력한 끝에 마침내 이뤄 낸 사람들에게 주어지니까요. 참 재미있는 사실이죠? 바닷물을 식수로 만드는 것은 연구해 볼 가치가 있어요. 그리고 여러분이 그 방법을 알아낼 가능성이 아주 크답니다.

옛날에는 지구 어디를 가나 깨끗한 물을 찾을 수 있었어요. 하지만 지금은 그렇지 않지요. 한국의 어린이들은 지구상에서 가장 축복받은 아이들이라는 사실에 감사할 필요가 있어요. 언제나 마음껏 마실 수 있고, 목욕하고, 설거지하고, 옷도 빨 수 있는 깨끗한 물이 가까이 있으니까요. 아, 그리고 풍선에 물을 채워 장난도 칠 수 있지요. 놀이터나 다른 공공장소에도 음수대가 있어서 목이 마르면 얼마든지 마실 수 있어요. 그것도 공짜로요. 그런데 이걸 너무 당연하게 여기고 있어요. 불행하게도 세상에는 그렇지 못한 나라가 더 많은데 말이에요.

예를 들어 볼게요. 아프리카에 사는 어떤 어린이들은 걸어서 왕복 네 시간이 걸리는 우물까지 가서 물을 길어다 놓고 학교에 간답니다. 매일같이요. 가족들이 먹고, 마시고, 씻고, 빨래할 물이 필요하니까요. 만약 여러분이 단 일주일이라도 학교에 가기도 전에 네 시간씩 걸어야 한다면, 내가 왜 이 책을 쓰고 있는지 단번에 이해할 거예요. 한국은 정말 축복받은 나라예요. 깨끗한 물이 있는 산과 호수, 커다란 강 같은 자원이 많으니까요. 정말 자랑스럽지 않나요? 나도 이쯤에서 잠시 책장을 덮고, 호수에 풍덩 뛰어들어 헤엄이나 치고 올래요! 하하하. 내가 사는 헝가리에도 아름다운 강과 호수가 있거든요.

무엇일까? 무엇일까? 무엇일까?
무엇일까? 무엇일까? 무엇일까?

7. 쉿, 중요한 이야기랍니다

안녕, 다시 돌아왔어요. 어디까지 이야기했죠?
아, 그래요. 지구 온난화와 기후 변화에 대해 이야
기했죠. 여러분도 텔레비전이나 라디오, 신문, 인터
넷에서도 많이 들어 봤을 거예요.

라디오　　텔레비전

인터넷　　신문

똑똑한 사람처럼 보이게, 아래에 나오는 이상한
용어들도 좀 섞어 가며 이야기해야겠군요.

기후 조건
지구 온난화
기후 변화
기후 모델

어때요, 멋지죠? 어려운 말을 쓰니까 유식해 보이나요?

하지만 나는 작가이지 과학자가 아니고, 여러분도 자연 과학을 공부하는
대학생이 아니니까, 이 말들을 알기 쉽게 설명해 줄게요.

기후와 '기후 조건'부터 시작할게요. 지구의 기후를 거대한 교통 체계라고 상상해 보세요. 바다에는 따뜻하거나 차가운 해류가 흐르고 있고, 거대한 바람의 움직임도 지구의 기후를 이루는 한 요소예요. 아, 그리고 구름도 있네요. 멕시코에 떠 있는 구름인지 알래스카에 떠 있는 구름인지에 따라, 한 곳에서는 비를 내려 주고, 다른 한 곳에서는 눈을 내려 주는 그런 구름이요. 어떤 지역의 지리적 특색에 따라 그 지역의 계절이 결정되지요. 일 년 내내 따뜻한 날씨인지, 비가 자주 오는지, 항상 얼어붙을 듯이 추운 날씨인지 말이에요.

기후적인 요인은 다른 것에도 영향을 미쳐요. 예를 들면, 식물들의 삶과 동물과 인간 세계에 말이지요. 이런 시스템 안에서는 모든 것이 서로 얽혀 있답니다. 바다의 힘은 육지에, 바다의 해류는 구름의 흐름에, 태양 광선은 지구의 궤도와 회전에 영향을 미쳐요.

한국은 지구의 북반구에 위치해 있어요. 북위 33~43도 사이에 있지요. 이렇게 한국의 위치가 남쪽에든 북쪽에든 치우쳐 있지 않아서 겨울이 그다지 혹독하지 않고, 여름도 너무 덥지 않아요. 그래서 전국 어디나 사계절이 뚜

렷해요. 사계절을 모두 누릴 수 있는 건 행운이에요! 내가 사는 헝가리도 그래요. 내가 어렸을 땐, 세상이 다 그런 줄 알았어요. 하지만 그렇지 않아요! 계절의 변화는 태양에서 얼마나 멀리 떨어져 있는지와 지구가 기울어진 각도에 달려 있어요. 그래서 이런 사계절이 있는 거랍니다. 여러분은 사계절 중 어떤 계절을 가장 좋아하나요?

온화한 봄 / 습한 여름 / 서늘한 가을 / 눈 내리는 겨울

이번엔 '지구 온난화'에 대해 생각해 보기로 해요. 여기서 지구란 '세계 곳곳'을 가리키는 말이에요. 지구는 지금 세계 어디서나 금방 눈치챌 수 있을 만큼 온도가 높아지고 있지요. 지구 온난화란 해마다 지구의 평균 기온이 올라가고 있다는 주장이에요.

그렇다면 '기후 변화'란 무슨 뜻일까요? 지구의 기후가 바뀌고 있다는 의미이지만 이 말만 듣고는 도대체 어떤 변화가 일어나고 있는지 알 수가 없지요. 날씨가 따뜻해진다는 것인지, 추워지고 있다는 것인지 말이에요.

과학자들은 어떤 현상에 대해 설명할 때 조심스러운 태도를 취한답니다. 특히, 너도나도 여러 가지 의견을 내놓고 있지만 정확한 사실은 잘 알 수 없는 문제에 대해 설명할 때 그래요. 과학자들은 '지구 온난화'라는 말보다 '기후 변화'라는 말을 더 많이 쓰고 있어요. '기후 변화'가 범위가 좀 더 넓은 말이기 때문이에요.

기후 변화는 날씨가 점점 따뜻해지는 것을 포함해 기후가 바뀌고 있다는

주장이에요. 이런 변화는 때로 극단적인 기상 이변을 가져오기
도 해요. 예를 들면 겨울이 되어도 좀처럼 눈이 내리지 않던 지
역에 강추위가 찾아온다거나 폭설이 내리기도 하고요. 온도가 올
라가는 현상만 있는 것이 아니라 내려가는 일도 일어나지요.
참 이상한 일이죠?

말풍선: 이상 기후에도 나는 절대 놀라지 않을 테야!

한 번도 눈을 본 적 없는 동네에 눈이 내린 것처럼, 어떤 지
역의 날씨가 완전히 달라졌다고 상상해 볼까요? 이곳은 지난 수
백 년 동안 눈이 오지 않았는데 말이에요. 이런 경우를 '이상 기
후'라고 불러요. 이상 기후란 날씨가 이상해지고 예측하기 어려운
불규칙성이 나타나는 것을 말해요.

오늘날 과학자들은 커다란 인공위성과 고도로 발달된 컴퓨터로 기후 변화
를 관찰하고 있답니다. 그리고 이런 모든 측정 기구를 통해 모은 정보를 가
지고 무지무지 복잡한 프로그램을 완성했는데, 그걸로 지구의 기상 조건 모
델을 만든대요.

이 프로그램은 앞으로 10년, 20년, 50년, 100년, 200년 뒤 지구의 날씨가
어떨지 예측할 수 있어요. 우리가 지구를 오염시키는 유해 가스를 그대로
두었을 때와 이런 유해 가스 방출을 줄이기 위해 노력했을 때, 각각 결과가
어떻게 나타날지도 알 수 있지요. 이렇게 컴퓨터로 미래의 기후 변화를 예
측하는 것을 '기후 모델'이라고 해요. 나는 과학자 친구에게 이런 예측이 얼
마나 정확한지 물어봤어요.

나: 이런 예측이 정확하다고 생각해?

친구: 자료가 너무 많아서 어떤 컴퓨터로도 미래의 날씨가 어떨지 정확하게 계산할 순 없어. 하지만 꽤 믿을 만한 예측이 나오고 있지. 따라서 이런 기후 모델들은 제법 도움이 될 거야.

날씨를 예측한다고 해서, 우리 마음대로 날씨를 바꿀 수 있다는 건 아니에요. 하지만 우리가 어떻게 대처하는지에 따라 결과가 달라지겠지요? 우리가 심장 박동수를 정할 수는 없지만, 어떻게 자기 몸을 돌볼지는 우리 스스로 결정할 수 있는 것처럼요. 자기 몸을 돌보듯이 우리의 환경도 돌봐야 하는 거예요. 우리의 생사가 여기 달려 있으니까요.

8. 자, 다 같이 숨을 들이마셔요!

지구상의 살아 있는 모든 생물은 모두 숨을 쉬어요. 모든 동물들이 숨을 쉬고, 식물들도 숨을 쉬지요.

우리는 음식을 먹으면서, 잠자면서, 달리면서, 책을 읽으면서, 수영을 하면서, 생각을 하면서 숨을 쉬어요. 장난 삼아 코와 입을 막고, 얼마나 오래 숨을 참을 수 있는지 숫자를 세어 보세요. 그럼 숨을 쉬는 일이 우리에게 얼마나 소중한지 느낄 수 있을 테니까요!

자기 숨을 한 번 관찰해 볼까요? 들이쉬고, 내쉬고, 들이쉬고, 내쉬어 보는 거예요. 우리는 엄마 배 속에서 태어날 때부터 바로 이렇게 숨을 쉬어 왔어요. 그리고 죽을 때까지도 이렇게 숨을 쉴 거고요.

그런데 어떻게 이런 숨 쉬기가 가능할까요? 들이쉬었다 내쉬면서 계속 숨

을 쉴 수 있는 이유가 뭘까요? '공기' 때문이라고 대답할 수도 있겠군요. 틀린 답은 아니에요. 하지만 '산소' 때문이라고 말한다면, 훨씬 더 정확한 대답이 될 거예요. '공기'는 지구를 둘러싼 기체를 말하지만 '공기'라는 특정 기체가 있는 건 아니에요. 공기는 우리 눈에 보이지 않는 여러 가지 성분의 기체들이 모여 있어요. 공기는 질소 78퍼센트와 산소 21퍼센트, 그리고 이산화탄소나 수증기 같은 기타 성분 1퍼센트로 이루어져 있어요. 만약 여러분이 독수리처럼 양팔을 펄럭거린다면 질소나 산소 같은 무해한 분자를 수도 없이 많이 옮기게 될 거예요.

우리가 숨을 쉴 때 공기가 폐 속에 들어갔다 나왔다 하지만 공기 중에서 우리가 사용할 수 있는 것은 산소뿐이에요. 인간에게 가장 필요한 것이 산소이긴 해도, 공기 중에 질소가 더 많다고 해서 문제가 되지는 않아요.

우리가 숨을 내쉴 때 나오는 기체는 무엇일까요? 바로 이산화탄소라는 사실을 알면, 여러분은 매우 놀라겠지요? 왜냐하면 이산화탄소는 온실 효과의 주범이니까요! 그래요, 우리 인간은 이산화탄소를 배출해요. 지구상의 모든 생물들도 그렇고요.

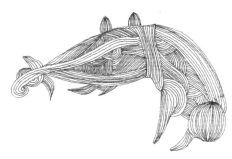

우리 집 강아지도요?
네, 여러분의 강아지도요.

올빼미도요?
네, 올빼미도요.

멧돼지도 그럴까요?
네, 멧돼지도요.

사람이 평생 동안 콧구멍 두 개로 내뱉는 이산화탄소의 양이 환경에 미치는 영향은 미미해요. 정말 다행이죠! 우리가 환경을 오염시키도록 태어난 건 아닌 거예요.

우리는 생명을 유지하는 데 필요한 기체들 말고도 우리를 병들게 하는 해로운 기체도 들이마시고 있어요. 불행한 일이죠. 공기 중에는 질소, 산소, 이산화탄소 말고도, 석탄이나 석유, 천연가스를 태울 때 발생하는 다른 기체들도 있어요. 냄새도 고약하고 환경에 해로운 배기가스가 자동차나 공장에서 나와 공기 중에 섞이거든요. 해로운 배기가스로 아주 심하게 오염된 공기를 '스모그'라고 해요. 그래서 대도시의 공기는 시골 공기보다 훨씬 나쁘답니다. 그래도 사람들은 계속 도시에 살고 싶어 하죠. 도시에 가면 일자리도 많고, 학교도 많고, 자기가 선택할 수 있는 게 훨씬 많으니까요. 하지만 공기가 깨끗한 곳에 살아야 더 건강하게 오래 살 수 있을 거예요. 물론 어디에 살 것인지, 여행을 얼마나 자주 갈 것인지는 여러분 마음대로 할 수 없는 문제라는 건 나도 알아요. 하지만 이것만은 꼭 기억하세요. 깨끗한 공기는 아주 중요하다는 사실을요! 공기가 깨끗한 곳에 살 수 없다면 대신 여러분 주위에 식물을 키우면 돼요. 자연과 가까워지는 여행을 가는 것도 좋고요. 신나게 달리기도 할 수 있고, 나무에도 오를 수 있고, 이상하게 생긴 막대기도 주워서 갖고 놀 수 있고, 친구와 이야기도 나눌 수 있고, 도시락도 나눠 먹을 수 있으니까요. 무엇보다 가장 좋은 점은 (여러분은 미처 생각하지 못했을 수도 있지만) 여러분 폐에 깨끗한 공기가 들어가, 머리도 좋아지고 생각도 더 빨리 할 수 있게 된다는 거예요.

고마워, 야자나무야.
넌 정말 친절해, 너도밤나무야.
참나무, 넌 키가 정말 크구나!

나무를 좀 올려다봤더니 머리가 어질어질한데요?

식물들은 공기 중의 이산화탄소를 먹어 치움으로써 지구의 공기를 깨끗하게 해 줘요. 잔디와 나무, 꽃과 덤불, 울타리나 넝쿨, 나뭇잎 같은 많은 식물들이 숨 쉬기 좋은 공기를 만들도록 되어 있답니다. 식물들은 이산화탄소를 먹고, 산소를 내어주거든요. 식물과 깨끗한 공기가 어떤 상관이 있는지는 여러분도 잘 알 거라고 생각해요. 하지만 날이면 날마다 수많은 나무들이 잘려 나가고 있어요. 정말 끔찍한 일이죠. 땔감으로 쓸 나무를 베어 낸다고 가정해 볼까요? 그럼 그 나무들이 아침, 점심, 저녁 식사로 먹던 그 많은 이산화탄소가 몽땅 대기 중에 남는 거예요. 따라서 산천초목을 망가뜨리는 대신 주위에 있는 나무를 소중하게 가꾸고, 새 나무도 심어야 해요. 계속 관심을 기울이면서 실천해야 할 일이지요. 정말로 대기를 깨끗하게 만들고 싶다면 말이에요.

열대 우림은 지구의 폐나 다름없답니다. 누가 여러분의 폐를 마구 쥐어짜면 무척 아프고 화가 나겠지요? 나무는 아주 강력한 스펀지와 같아요. 공기 중의 이산화탄소를 쭉쭉 빨아들이니까요.

나무와 숲 말고도 지구에서 멋진 청소부를 또 꼽는다면 그건 바로 바다에요. 이산화탄소는 물에 녹기 때문에 바다는 공기 중에 떠돌아다니는 탄소를 없애는 데 도움이 돼요. 바다는 이산화탄소를 꿀꺽 집어삼키지요. 마치 코코아 가루를 우유에 타 마시는 것처럼요. 또, 바다의 이런 작용은 달아오르는 지구를 식혀 주기도 한답니다. 하지만 우리가 석탄과 석유, 천연가스를 사용하면서 너무 많은 이산화탄소가 만들어지자, 바다도 배가 불러 더 이상 이산화탄소를 못 마시겠다고 투덜대고 있어요.

앞에서 지구는 여러 개의 가스층으로 이루어진 대기권에 둘러싸여 있다고 했지요. 대기는 동그란 공 모양의 다섯 개 층으로 되어 있어요. (32쪽 대기층 그림을 다시 한 번 살펴보세요.)

낮 시간에 정원으로 나가 하늘을 올려다보면, 아마도 지구에서 가장 가까운 첫 번째 대기층을 볼 수 있을 거예요. 만약 여러분이 하늘로 걸어 올라갈 수 있어서 대기권 밖의 우주 공간으로 나가려 한다면, 정말 힘든 여행이 될 거랍니다. 첫 번째 층의 끄트머리까지 가려면 10킬로미터는 걸어야 해요. 제일 친한 친구와 수다를 떨

며 간다면 하늘 위로 걸어 올라가는 여행이 그렇게 지루하지만은 않겠지요. 대기권 속으로 더 높이 올라가면 갈수록 날씨가 확 추워지고 주위의 공기도 점점 희박해질 거예요. 그렇게 높이 올라가려면 우주복을 꼭 입으라고 권하고 싶네요. 72억 인구가 살고 있는 곳이 바로 이 첫 번째 대기층 대류권 안이에요. 산소는 대류권 안에만 있거든요. 이 사실도 말해 줘야겠군요. 대류권 안에서 세상에서 가장 높은 산꼭대기나 구름, 번개, 무지개 같은 날씨와 관련된 특징을 찾아볼 수 있지요. 두 번째 층은 오존층이 있는 성층권이에요. 여러분도 알겠지만, 여긴 비행기가 날아다니는 곳이에요. 그러니 여기서 어슬렁거리지 않는 게 좋을 거예요. 세 번째 층 중간권은 무척 추워요. 네 번째 층 열권은 가장 길면서 가장 뜨거운 곳이지요. 열권의 흥미로운 점은, 지구의 궤도를 따라 돌고 있는 인공위성과 국제우주정거장이 바로 여기 있다는 거예요. 친구와 손을 잡고 1만 킬로미터를 걸어가면, 다섯 번째 층 외기권에 도착할 거예요. 여기서 잠깐, 우주 밖으로 발을 내딛기 전에 마지막으로 한 번 더 인공위성을 보세요. 그리고 인사하세요.

"안녕, 얘들아! 잘 있어, 나는 간다!"

밤에 맑은 하늘을 올려다보면, 얼어붙을 듯이 차가운 대기층과 아주 뜨거운 대기층까지 다섯 개의 대기층은 물론이고 저 멀리, 진공 상태의 우주에 떠 있는 별까지 모두 볼 수 있을 거예요.

어떻게? 어떻게? 어떻게?
어떻게? 어떻게? 어떻게?

9. 뭘 낭비하고 있는 걸까요?

인류는 자신의 필요를 채우기 위해 언제나 에너지에 의존해 왔답니다. 인간이나 동물이나 가장 중요한 에너지 원천은 바로 음식과 물, 잠과 태양 광선이에요. 역사가 처음 시작될 때, 우리는 사냥하고 식물을 채집하고 안전한 쉼터를 찾는 데 에너지를 모두 썼어요. 살아가는 데 공간도 그리 많이 필요하지 않았고, 수명도 훨씬 짧았고, 주위 환경에 따라 목숨이 좌지우지되었죠.

옛날에는 날씨가 추우면 더 따뜻한 곳을 찾아 옮겨 다녔어요. 나중에는 따뜻한 옷을 걸쳤지만요. 날씨가 그다지 춥지 않으면, 입에 풀피리를 문 채 땅바닥에 누워 태양이 몸을 따뜻하게 해 줄 때까지 기다렸고요. 태양 광선을 직접 만들 수는 없지만, 자기도 모르는 사이 쓸모 있게 이용할 줄 알게 된 거예요. 햇살이 우리 몸을 어루만지고, 바람이 귓가를 스쳐 지나가고, 비가 머

리 위에 떨어졌지요. 때로는 우리가 그 자연의 손길 안으로 뛰어들기도 했고요. 이건 모두 매우 자연스러운 일이었어요. 인간이 환경을 찾아낸 건 아니에요. 그저 그 속에서 살았던 거죠.

그러다가 마침내 불을 사용하기 시작했답니다. 사고력과 용기, 그리고 뛰어난 관찰력을 발휘했기 때문에 가능한 일이었죠. 강에서 물을 길어다 마시거나 열매를 따서 먹는 건, 산불이 난 숲에서 불붙은 나뭇가지를 하나 들고 나오는 것처럼 어마어마하게 어려운 일은 아니었으니까요. 내 말이 맞죠? 나중에는 부싯돌을 부딪혀 불을 붙이는 방법도 알게 됐어요. 이렇게 해서 새로운 에너지의 원천인 불을 정복할 수 있었어요. 나무를 태워서 에너지를 얻을 수 있었으니까요.

불은 왜 필요했을까요? 불은 우리를 따뜻하게 해 주지요. 캄캄한 밤에 횃불을 들고 어디로든 갈 수 있었고, 불을 두려워하는 맹수로부터 몸을 지킬 수도 있었어요. 죽은 동물의 고기를 익혀 먹고 몸의 힘도 기를 수 있었지요. 불을 정복한 것이 우리가 생존하는 데 얼마나 큰 도움이 되었는지는 충분히 이해할 수 있을 거예요. 그땐 석탄이나 천연가스, 원자력 에너지 같은 건 상상도 할 수 없었어요. 그런 걸 어디에 쓰는지 짐작도 못했을걸요? 매일 충전해야 되는 스마트폰도 없었고, 수학 시간이나 전자계산기 같은 것도 없었어요. 대신 아름다운 새소리를 들을 수 있었는가 하면, 무시무시한 이빨을 가진 야생 동물도 많아서 항상 도망쳐 다녀야 했지요.

인제부턴가 물과 바람이 있으면 사람이 손으로 옮길 수 있는 것보다 훨씬

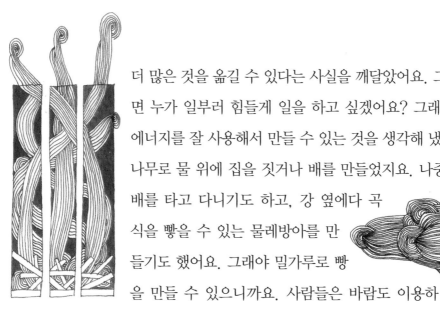

더 많은 것을 옮길 수 있다는 사실을 깨달았어요. 그렇다면 누가 일부러 힘들게 일을 하고 싶겠어요? 그래서 물에너지를 잘 사용해서 만들 수 있는 것을 생각해 냈어요. 나무로 물 위에 집을 짓거나 배를 만들었지요. 나중에는 배를 타고 다니기도 하고, 강 옆에다 곡식을 빻을 수 있는 물레방아를 만들기도 했어요. 그래야 밀가루로 빵을 만들 수 있으니까요. 사람들은 바람도 이용하기 시작했어요. 바람의 힘으로 배를 몰고, 풍차를 이용해 곡식을 빻기도 했어요. 물레방아처럼 말이에요. 사람들은 동물들에게서 에너지를 얻기도 했답니다. 말도 타고, 소가 끄는 수레도 타고, 소와 말에 쟁기를 걸어 논밭을 일구기도 했지요. 동물들의 힘을 빌리면 땅을 더 많이 경작할 수 있었으니까요. 밀림에 사는 사람들은 코끼리 등에 나뭇짐을 싣고 집에 가기도 했어요. 사막 같은 곳에서는 낙타를 길들여 짐을 싣고 다녔고요.

한 가지 분명한 사실은 이러한 에너지 원천을 모두 사용하기까지는 생각도 많이 하고, 실험하고 발명해 보는 과정도 무수히 많이 거쳤다는 점이에요. 인간은 그런 모험 정신을 가지고 잠재된 능력을 발휘했던 거죠.

풍차

수천 년 동안, 우리는 환경을 심각하게 해치지 않고도 이런 에너지 공급 체계를 잘 이용해 왔어요. 물레방아는 물을 더럽히지 않았고, 바람의 힘으로 나아가는 범선은 바다를 더럽히지 않았죠. 물은 오염되지 않은 물로,

불은 불로, 돌은 돌로, 나무는 나무로 있었죠. 혹 나무를 태운다 하더라도, 자연에서 쉽게 찾을 수 있는 탄소와 재로 변했을 뿐이랍니다.

석유는 수천 년 동안, 지표면 밖으로 자연스럽게 흘러나오는 지역에서 사용됐어요. 모기를 쫓거나 약으로 사용되기도 하고, 방수 처리에도 사용됐지요. 하지만 옛날에는 석유가 주요 에너지원으로 활용될 수 있다는 사실은 전혀 몰랐어요. 환경을 오염시키는 플라스틱을 만들지도 않았어요. 플라스틱이라는 것이 존재하지도 않았으니까요. 모든 물질이 자연적으로 분해됐어요. 상상해 보세요. 이건 정말 우리가 꿈꾸던 것 아닌가요! 우리가 사용하는 지구상의 모든 물질이 자연적인 과정을 거쳐 분해되는 것 말이에요!

그런데 세상을 뒤집어 놓을 만한 일이 벌어졌답니다. 그 변화의 속도가 얼마나 빨랐는지 몰라요. 기계의 발명으로 인류는 기술 사회로 달려가게 되었죠. 이 사건을 가리켜 '산업혁명'이라고 해요. 산업혁명이 어떻게 일어났는지 궁금하지 않나요? 약 200년 전에, 여러분의 할머니의 할머니의 할머니가 살던 때의 일이에요. 물론 그 전에도 기계가 있었어요. 수레도 있고, 마차도 있었죠. 하지만 대부분 사람의 손으로 움직이는 기계였어요. 그래서 기계

를 작동시키려면 힘 센 사람이 많이 필요했지요. 그리고 그 사람들이 먹을 음식도 정말 많이 필요했고요. 하지만 산업혁명 뒤에는 고기나 감자를 마구 먹어 치우는 장정들이 더 이상 필요하지 않았어요. 대신 기계의 연료인 석탄이 필요했고, 100년 뒤에는 석유가 필요해졌답니다. 하지만 이 석유는 다 어디서 나는 것일까요? 맞아요, 땅속에서 나는 것이지요!

천연가스와 석유, 석탄의 나이는 아주 많아요. 아주 오래전에 죽은 동물의 사체와 나무들이 땅속에 남아 있다가 가스와 석유로 변한 거지요. (석탄은 죽은 식물들의 화석이에요.) 그래서 이 물질들을 '화석 연료'라고 하기도 해요. 한동안은 땅속 깊은 곳이나 바다 맨 밑바닥에 있는 이런 물질을 애써 꺼내려는 사람들이 없었죠. 하지만 사람들은 석유나 천연가스, 석탄을 유용하게 쓸 수 있다는 사실을 깨닫기 시작했어요. 이제 여러분에게 이그나치 루카시에비치라는 사람에 대해 말해 줘야겠군요. 이 사람은 폴란드의 뛰어난 약사였는데, 처음으로 석유램프를 개발해 대량 생산하기 시작했어요. 요즘으로 치면 맨 처음으로 스마트폰을 개발한 것처럼 획기적인 사건이었다고나 할까요. 그래서 루카시에비치는 세계 석유 산업의 선구자로 불리고 있어요. 루카시에비치는 석유를 가지고 할 수 있는 일이 무궁무진하다는 사실을 재빨리 깨닫고 석유를 퍼올리는 유정을 최초로 세운 사람이기도 해요. 그 뒤 석유와 천연가스와 석탄은 세상에 많은 영향을 끼쳤어요, 좋은 일도 있었고, 좋지 않은 일도 있었지요. 땅속에 석유가 묻혀 있는 나라는 부자가 되었어요. 왜냐하면 석탄, 석유, 천연가스는 모두에게 필요했으니까요. 그리

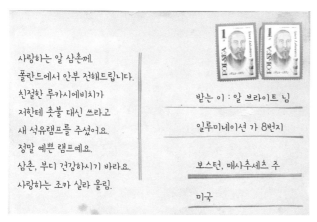

사랑하는 알 삼촌께.
폴란드에서 안부 전해드립니다.
친절한 루카시에비치가
저한테 촛불 대신 쓰라고
새 석유램프를 주셨어요.
정말 예쁜 램프예요.
삼촌, 부디 건강하시기 바라요.
사랑하는 조카 실라 올림.

받는 이 : 알 브라이트 님

일루미네이션 가 8번지

보스턴, 매사추세츠 주

미국

고 사람들은 이런 자원을 사고 싶어 했어요. 또한 멋진 기계를 만들려는 계획을 가진 발명가들도 생겨나기 시작했어요. 앞서 얘기한 자동차, 전구, 전화기, 공장이나 석탄 발전소 등을 발명한 사람들이지요. 그리고 이와 함께 도시는 매연으로 그을리기 시작했어요. 그때는 환경을 해치지 않는 환경친화적인 기술이나 기후 변화, 인구 과잉 같은 문제는 생각도 하지 못했어요. 그저 최신형 기계나 점점 커지는 도시, 날로 쌓여 가는 과학 지식에 대해 뿌듯해할 뿐이었답니다. 어떤 점이 좋았을까요?

난로

석유는……

⭐ 난방 연료예요. 옛날에는 집집마다 석유난로가 있었어요.

⭐ 실내 등유로 석유램프에 불을 밝힐 수 있어요.

⭐ 가공하면 자동차 연료인 휘발유가 돼요.

⭐ 가공하면 배나 일부 자동차의 연료인 경유가 돼요.

⭐ 가공하면 항공기 연료인 항공유가 돼요.

옛날에는 석유로 등불을 밝혔어요. 석유램프가 촛불을 대신한 거죠. 그러다가 미국인 토머스 에디슨이 전기 에너지를 발견했답니다. 고래 기름이나 석유를 연료로 쓰던 램프 대신 전구를 발명한 거예요. 전기 에너지는 빛을 밝히는 데 석유보다 훨씬 효과적이었어요. 석유램프를 밝혀 놓으면 분위기는 좋지만 냄새도 나고 폐에도 해로웠다고 해요.

비행기 연료가 되는 항공유도 석유에서 나와요. 비행기 덕분에 많은 사람들이 아주 먼 곳까지 여행할 수 있게 되었지요. 그런데 안타깝게도 비행기는 환경 오염의 주범이 되고 있어요. 커다란 비행기를 하늘에 띄우려면 석유가 많이 들고, 그렇게 되면 기후 변화를 일으키는 가스를 많이 배출하기 때문이에요. 바로 이산화탄소 말이에요.

천연가스는⋯⋯

● 난방 연료예요.

● 맛있는 요리를 만들 수 있는 가스레인지의 연료지요.

● 공상을 가동하는 연료예요.

● 발전소를 세워 전기 에너지를 만들 수 있어요.

알고 있나요?
석유나 석탄을 태울 때보다 천연가스를 태울 때 이산화탄소가 훨씬 적게 나온다는 사실!
천연가스는 주로 겨울에 사용하지요. 거대한 가스 용기에 가스를 저장해 놓고, 난방을 하는 겨울이 될 때까지 기다린답니다. 조심하세요! 천연가스에도 유독 성분이 있으니까요!

전기

전기 에너지가 있으면……

⭐ 전기 기차나 지하철, 엘리베이터, 스키 리프트, 에스컬레이터도 움직일 수 있어요!

⭐ 전기 콘센트에 꽂을 수 있는 다양한 제품들을 사용할 수 있어요. 텔레비전, 컴퓨터, 노트북, 전기 주전자, 비디오, DVD 플레이어, 스마트폰,

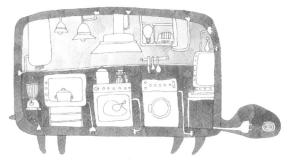

냉장고, 세탁기, 식기 세척기, 전기난로, 오븐, 각종 의료 기기, 조리 기구, 잔디 깎는 기계, 램프, 헤어드라이어, 보일러, 진공청소기 같은 물건들 말이에요. 그래서 전기를 아껴 쓰는 게 어렵답니다. 전기 제품 리스트가 이렇게 긴 것도 우연이 아니에요. 수많은 제품들이 전기로 작동하니까요!

석탄은……

● 난방 연료예요. 덕분에 겨울에도 따뜻하게 지낼 수 있죠. 옛날에는 기관차도 석탄을 때면서 달렸어요!

● 석탄 화력발전소를 세우면 전기를 생산할 수 있어요.

● 철을 녹이는 거대한 용광로에 불을 때서 강철 제품을 만들 수 있어요.

선사 시대에 살았던 공룡과 거대한 야자나무에 정말로 고마워해야겠네요! 덕분에 석탄과 석유를 얻으니까요.

꼬마 친구: '발전소'는 에너지를 발전시킨다고 해서 그렇게 부르나요?

나: 맞아. 발전소는 어떤 물질에서 에너지를 일으키지. 마치 네가 밥을 먹고 힘을 얻는 것처럼 말이야. 어떤 발전소는 천연가스를 먹어 치우고, 또 어떤 발전소는 석탄을 먹어 치우고, 원자력 발전소는 원자의 입자를 먹어 치우면서 에너지를 만들지. 풍차가 돌아가려면 바람이 필요하듯이, 태양열 발전소는 태양 광선이 있어야 일할 수 있어. 수력 발전소는 물이 없으면 안 되고 말이야. 우리가 먹는 음식에 비하면 이 발전소들이 먹는 음식은 정말 맛이 없을 거야, 그렇지?

생각해 보세요.

많은 사람들이 만약 공룡이 멸종하지 않았다면 어땠을까 하고 묻곤 해요. 나도 이렇게 묻고 싶어요. 만약 공룡이 살아 있는 대신 화석이 남아 있지 않았다면 인간은 어떻게 되었을까요? 추운 겨울을 어떻게 보냈을까요?

최근까지만 해도 사람들은 고대 동식물로부터 나온 화석 연료가 많이 남아 있다고 생각했어요. 그래서 값싸게 사서 낭비도 많이 했지요. 겨울에 지나치게 난방을 하고, 쓰지 않는 제품의 전원도 끄지 않고요.

땅속에 석유와 천연가스, 석탄이 정확히 얼마나 묻혀 있는지는 아무도 몰라요. 하지만 많은 과학자들이 재생 불가능한 이런 에너지원이 서서히 바닥나기 시작했다고 주장해요. 그렇다면 이미 쓰고 있는 수많은 기계와 비행기, 공장, 송유관 등은 어떻게 될까요? 사실 이 세상의 거의 모든 것이 천연가스, 석탄, 전기, 석유로 움직이고 있는데 말이에요. 분명한 것은 이런 에너지원들은 머지않아 없어진다는 거예요. 이제 왜 에너지를 아껴야 하는지 알겠죠? 이런 에너지를 아껴 쓰면서, 비싸지 않은 새로운 에너지원을 찾을 때까지 시간을 벌어야 하기 때문이에요.

재생 불가능한 에너지원 중 가장 흥미로운 에너지인 원자력 에너지에 대해서 이야기할게요. 핵에너지라고도 하지요. 이런 에너지 형태를 만들기 위해서는 약간의 우라늄과 거대하고 복잡한 발전소가 필요해요. 우라늄은 자연 발생적인 물질이지만 독성이 매우 강해요. 그래서 사람들은 우라늄을 멀리하려고 하죠.

수많은 실험 끝에 과학자들은 우라늄이라는 물질의 핵을 분열시키면 굉장한 에너지가 나온다는 사실을 알게 됐어요. 핵분열은 튼튼하게 만든 원자로 안에서만 해야 돼요. 원자로는 원자력 발전소의 핵심이라 할 수 있죠. 세계 최초의 원자로는 1942년 미국 시카고에 세워졌답니다. 원자로를 만든 책임 과학자는 헝가리 출신의 레오 실라르드와 이탈리아 출신의 엔리코 페르미였어요. 현재 미국에는 원자력 발전소가 100개나 된답니다! 한국은 1978년 고리 1호기를 처음 세운 뒤, 지금까지 23개의 원자로를 가지고 있어요. 짓고 있는 발전소도 있어요.

증조할머니: 이 목걸이는 네 증조할아버지가 주신 거란다. 순 우라늄으로 만든 목걸이지!
증손녀: 농담이시죠? 우라늄을 목에 걸고 있으면 어떡해요!

우라늄은 방사능 물질이기 때문에, 원자력 발전소 안에 있는 사람은 모두 환하게 빛날 거라는 농담이 있어요. 사람들은 핵에너지에 큰 기대를 걸고 있지요. 핵 기술이 있으면 온실가스를 배출하지 않고도 값싼 연료로 전기 에너지를 만들 수 있다고 말이에요. 화석 연료는 연소시킬 때 온실가스가 나오지만요. 그렇다면 핵에너지는 환경에 해를 끼치지 않고 환경친화적인 에너지를 개발하는 방법이 될 수 있을까요? 안타깝게도 그렇지 않아요. 원자로가 손상되면 어마어마한 양의 방사능 물질이 나와 환경에 끔찍한 영향을 미친답니다. 1986년에 우크라이나 체르노빌에서 일어난 원자로 폭발 사고와 2011년에 일어난 쓰나미로 일본 후쿠시마 원자로가 파괴된 사건을 보면 잘 알 수 있어요. 또 다른 단점은 핵에너지를 만드는 과정에서 방사성 폐기물이 나온다는 거예요. 이런 폐기물들은 생물체에 해로운 방사능을 수천 년 동안 내뿜어요. 방사능 폐기물을 안전하게 처리하는 방법은 화강암 동굴 깊숙이 묻는 것이라고 해요. 아주아주 깊게요.

나는 가슴에 손을 얹고 핵에너지가 안전하다고 말하지는 못하겠어요. 비록 수많은 과학자들은 안전하다고 주장하지만요. 그렇다 해도, 핵에너지가 이 시대의 중요한 에너지원인 것은 부정할 수 없겠네요.

내 생각에는 이제 새로운 에너지원을 찾을 때가 된 것 같아요. 새로운 것을 찾을 수 있다고 믿고 꿈꾸고 노력하는 것이 무엇보다 가장 중요하죠!

여러분 생각은 어때요?

어디에서? 어디에서? 어디에서?
어디에서? 어디에서? 어디에서?

10. 우리가 맞이할 미래는

지금까지는 과거와 현재, 그리고 재생 불가능한 에너지원에 대해 이야기해 보았어요. 여러분은, 재생 불가능한 에너지가 있다면 재생 가능한 에너지도 있을 거라는 생각을 해 봤을 거예요! 재생 가능한 에너지원은 다 쓰고 바닥날 일이 없을뿐더러, 설사 그렇다 하더라도 짧은 시간 안에 다시 만들 수 있겠지요. 그렇다면, 왜 사람들은 이 문제에 대해 생각해 보지 않는 걸까요? 아뇨, 당연히 생각해 봤죠!

여기, 재생 가능한 에너지 유형을 소개할게요.

태양 에너지: 옛날부터 우리에게 친숙한 에너지예요. 지금은 태양 전지판으로 작동하는 태양 에너지 발전소가 있고요. 태양 전지는 자동차도 움직이고, 난방도 해 주고, 온
수기나 전자계산기를 작동시키기도 해요. 태양 에너지 발전소는 주로 태양 광선이 많이 내리쬐는 지역에 세우는 게 좋아요. 태양 에너지로 집을 따뜻하게 하고, 물을 끓이고, 기계도 움직일 수 있으니까요. 태양 전지 잔디 깎

는 기계라고 들어 본 적 있나요? 태양광 가로등은요?

 풍력 에너지: 바람의 힘으로도 전기를 일으킬 수 있답니다. 요즘은 바람이 점점 더 세지고 있을 뿐 아니라 많은 지역에 풍력 발전 단지가 있어요. 하지만 단점도 있죠. 풍력 발전소는 '소음 공해'라고 할 정도로 시끄러운 소리가 나서 발전소 주변에 사는 사람들에게 불편을 끼치지요. 그래서 풍력 발전소는 사람들로부터 멀리 떨어져 있고 바람이 제일 강하게 부는 해안에 세우는 것이 좋지만, 육지에 세우는 것보다 비용이 훨씬 많이 들어요. 이런 풍력 발전소는 유치원 뒷마당에 세워 놓은 바람개비가 돌아가는 것과 원리가 같아요. 물론 알록달록한 바람개비처럼 예쁘진 않지만요.

수력 에너지: 수력 발전소에서는 높은 곳에 물을 모았다가 낮은 곳으로 흘려보내 전기를 만들지요. 그래서 튼튼하고 높은 댐을 만드는 것이 중요한 기술이에요. 그러나 한 가지 알아 둘 것이 있어요. 수력 발전은 바로 이 댐 때문에 환경친화적인 방안이 될 수 없어요. 거대한 수력 발전소를 만든다는 것은 환경을 해칠 수밖에 없는 일이거든요. 하지만 이런 수력 발전소만 물의 힘을 이용하는 것은 아니랍니다. 바다의 밀물과 썰물을 이용해서 에너지를 얻는 발전소도 있거든요. 텔레비전에서 아주 큰 파도가 치는 모습을 본 적 있나요? 큰 파도는 물결이 아주 높이 올라갔다가 금세 바닥으로 곤두박질쳐요. 이런 파도의 움직임도 에

너지를 많이 만들어 내지요. 이제는 이 파도 에너지를 이용하는 방법을 찾아야 할 것 같아요!

바이오매스 에너지: 생물체를 열분해하거나 발효시켜 얻는 에너지예요. 바이오매스 에너지를 생각하면 이름 때문에 나는 꼭 매쉬드 포테이토(으깬 감자)가 떠올라요. 으깬 감자는 감자만으로 만들었지만 바이오매스는 다양한 식물 성분이 섞인 덩어리죠. 예를 들면 옥수수, 해초, 사탕수수, 노란 꽃을 피우는 유채 씨를 가지고 바이오매스 에너지를 만들 수 있답니다. 이렇게 만들어진 바이오디젤은 자동차나 기계의 연료로 사용해요. 물론 바이오매스를 연료로 전기도 얻을 수 있어요.

> **슈퍼카 운전사 1:** 당신 차는 연료가 뭐예요?
> **슈퍼카 운전사 2:** 옥수수요!
> **슈퍼카 운전사 1:** 와, 정말 대단하네요!

다행히도 과학자들은 환경을 전혀 해치지 않는 에너지원을 찾으려고 노력하고 있어요. 하지만 이런 에너지를 찾기

란 정말 어려운 일이에요. 바이오매스 에너지가 심각한 에너지 위기를 극복할 가장 좋은 해결책이란 말은 아니에요. 왜냐하면 식물을 가지고 바이오매스 에너지를 만들면 만들수록 우리가 먹을 수 있는 식량이 줄어들 테니까요. 하지만 바이오매스 에너지는 석유나 석탄보다는 환경을 훨씬 덜 해친답니다.

 지열 에너지: 지열이란 지구의 깊은 땅속에서 나오는 열을 말해요. 지구 한가운데에 있는 핵은 엄청나게 뜨거운데, 그래서 땅을 파고 지구 중심부로 가까이 갈수록 더 따뜻해져요. 그 지역의 물이나 바위도 더 따뜻하지요. 지열 에너지의 이치는 간단해요. 온도가 높은 곳에 닿을 때까지 땅을 깊이 파는 거예요. 그러고는 파이프를 연결해 온기가 필요한 곳까지 뜨거운 열기를 전달하는 거죠. 지열 에너지는 다른 물질을 태우지 않고도 얻을 수 있기 때문에 이산화탄소가 공기 중으로 들어가는 일이 없답니다. 지열 에너지는 지각이 얇은 나라에서 유용하게 쓸 수 있는 에너지죠. 북대서양에 있는 아이슬란드라는 섬나라는 지각이 매우 얇은 편이에요. 게다가 이곳엔 화산 활동으로 생긴 간헐 온천이 많아 지열 에너지를 얻기가 쉽지

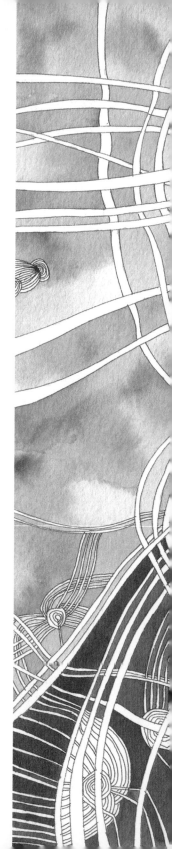

요. 그래서 지열 에너지 발전소를 세워 아주 잘 쓰고 있다고 해요!

 핵융합 에너지: 이 에너지에 대해 가장 나중에 설명하는 이유는 아직까지 핵융합 에너지 발전소가 만들어지지 않았기 때문이에요. 핵융합 에너지 발전소는 원자력 발전소의 원리와 정반대예요. 핵융합 에너지는 핵을 분열시키는 게 아니라 결합시켜서 에너지를 얻는 것이니까요. 한국, 미국, 유럽 연합 등 여러 나라가 모여 핵융합 실험로를 프랑스에 세우기로 약속을 했어요. 이것은 핵융합 에너지를 만들 수 있는 최초의 원자로가 되겠지요. 건설 사업은 시작됐지만, 완성되려면 2027년까지 기다려야 해요. 사람들은 일단 핵융합 발전소가 세워지면, 인류에게 가장 좋은 에너지원이 될 거라고 보고 있어요. 왜냐하면 환경도 해치지 않고, 위험한 방사능 폐기물이 나오지도 않고, 원료의 양도 무궁무진해서 에너지를 얻기 쉬우니까요. 재생 불가능한 에너지원과 달리, 핵융합 에너지원이 되는 중수소는 바닷물에서 얻기 때문에 바닥날 위험이 없거든요. 정말 그럴듯하죠? 그러니까 이 핵융합 발전소가 완성될 때까지만, 에너지를 만드느라 오염되고 있는 지구를 보호할 방법을 찾으면 돼요.

그때까지는, 우리 모두 에너지를 아껴 써야 해요.
"나는 늘 걸어서 학교에 가요. 운동도 되고 에너지도 아낄 수 있죠!"

재생 가능한 형태의 에너지를 뭉뚱그려서 '그린 에너지'라고 한답니다. 오늘날 사용되고 있는 에너지의 약 5퍼센트만이 그린 에너지예요. 별로 안 되죠? 우리들의 임무는 이 5퍼센트를 두 배, 다섯 배, 열 배까지 늘리려고 하는 환경 운동가와 정치인, 과학자들을 응원하고 도와주는 거예요. 그린 에너지로 작동하는 물건으로 가득한 집을 지을 수 있다면, 이건 장기적으로 사람들에게 가장 이득이 되는 일이랍니다. 여러분도 이미 알겠지만, 돈이 이 세상의 전부는 아니니까요!

'수동적인 집'이라는 뜻을 가진 '패시브 하우스(passive house)'라는 말을 들어 봤나요? 이 집은 수업 시간에 발표를 잘 하지 않거나 쉬는 시간에 친구들과 잘 어울리지 않는다고 이런 이름을 얻은 게 아니에요. 패시브 하우스는 온기가 밖으로 빠져나가지 않도록 단열 처리를 해서, 난방을 조금만 해도 되는 집이에요. 그리고 집 안의 모든 물건은 그린 에너지로 작동되죠. 이런 집을 만들면 에너지를 많이 아낄 수 있어서 돈도 덜 들고 환경에도 좋을 거예요. 여러분이라면 이런 집에 살 건가요? 이끼와 양귀비꽃으로 지붕을 장식한 예쁜 집 말이에요.

무엇을? 무엇을? 무엇을?
무엇을? 무엇을? 무엇을?

11. 내가 할 수 있는 일은 뭘까?

내 생각엔 이게 가장 중요한 질문 같아요. 여러분이 환경을 지키기 위해 어떤 일이라도 한다면, 세상은 조금씩이라도 좋아질 거예요. 지구의 기후를 지키고 지구 온난화를 늦추는 것은 이 세상과 국가 지도자, 정치인, 과학자들의 중요한 책임이지요. 우리는 이들이 지구에 큰 영향을 미치는 이 중대한 문제를 놓고 올바른 결정을 내릴 것이라 믿어 줘야 해요. 지구를 위해 우리가 나서는 것을 환경 보호라고 한답니다. 어린이도 환경을 지킬 수 있냐고요? 물론이죠! 당연한 말씀.

그런데 어린이가 할 수 있는 일이 뭐냐고요? 아주 많아요! 잊지 마세요. 여러분은 혼자가 아니에요! 이 세상에는 수십억 명의 어린이가 있어요. 여러분은 어리고 힘이 약하지만, 작은 힘들이 모여 큰 변화를 일으킬 수 있답니다. 여러분이 기후 변화 회의에 가거나 깊은 바닷속을 탐사할 일은 없을 거예요. 이건 장담할 수 있어요. 꽉 끼는 양복을 입고 지루한 회의를 하는 일 따위는 하지 않아도 된다는 걸요.

여러분은 이런 일들을 할 수 있어요.

부모님이 물을 낭비하지 않는지, 쓰레기를 분리수거하고 재활용하는지 지켜봐요. 꼭 필요한 때가 아니면 자동차를 타지 않고, 고기를 매일 먹지 않아요. 또, 자기가 사는 지역에서 나는 식품과 물건을 사고, 자동차 대신 자전거를 타고 다녀요. 만약 여러분이 이런 일들을 해낼 수 있다면 지구는 물론이고 자신의 건강을 위해서도 아주 좋은 일을 하는 거예요!

나는 어른이기 때문에 그린피스, 로마 클럽 같은 환경 보호 단체에 들어가 활동할 수 있어요. 환경 보호 단체에는 이렇게 어려운 시기에 가만히 앉아 있기만 하면 안 된다고 믿는 사람들이 많거든요. 우리는 우리 자신만을 위해 살아서는 안 돼요. 우리 아이들과 손주 세대도 기후를 예측할 수 있고, 깨끗한 공기를 들이마시고, 깨끗한 물을 마시고, 푸른 산천초목을 즐기며 살 권리가 있으니까요. 아마 여러분도 언젠가 아이를 낳고, 손주들도 보게 될 거라는 생각을 해 봤을 거예요. 옆에 그 아이들의 얼굴을 그려 보세요.

환경 보호를 위한 습관

　　우리 아이들이나 손자 손녀들이 지금과 비슷한 조건의 환경을 물려받기 바란다면, 낭비하는 생활 습관을 바꿔야 해요. 아직은 습관을 바꾸기가 쉬워요. 여러분은 어리니까요.

　　여러분은 외출할 때 자동차를 타지 않는다고 힘들어하지 않을 거예요. 뜨거운 물을 가득 채운 욕조에서 매일 목욕을 하지 못해도 괜찮고요. 음식을 남기지 못하게 한다고 짜증을 내지도 않지요. 매일 새 옷을 사지 않아도 화내지 않아요. 해마다 비행기를 타고 외국에 가지 못해도 실망하지 않을 거고요. 갖고 싶은 물건이 한가득 쌓여 있는 마트에서 꼭 필요한 것만 고르기란 정말 어려울 거예요. 여러분이 정말 갖고 싶은 것이 있다면 아래에 그려 보세요.

　　이제 여러분이 그린 그림을 살펴보세요. 여러분이 보기엔 이건 어디서 나오는 물건인가요? 무엇을 가지고 만드는 거죠? 어떻게 만들었을까요? 이 점에 대해 생각해 본 적 있나요?

정말 지구를 구하고 싶다면, 정말 갖고 싶은 것, 좋은 것도 포기할 줄 알아야 한답니다. 그렇다고 자신이 하루아침에 달라질 거라고 생각하지는 마세요. 여러분이 할 수 있는 일은 자신이 정말 원하는 것이 무엇인지 잘 생각해 보고 부모님한테 그것만 사 달라고 하는 거예요. 보이는 것마다 사 달라고 하면 안 된다는 걸 여러분은 알 거예요. 부모님께 이렇게 말씀드리는 건 어때요? "고맙습니다. 하지만 이건 필요 없어요!" 때로는 어른들이 먼저 이것저것 사 주기도 하죠. 여러분한테 필요도 없는 장난감을 말이에요. 그래서 여러분 스스로 정말 필요한 걸 생각해 보는 게 중요해요. 그래야 부모님도 여러분에게 꼭 필요한 선물을 골라 줄 수 있으니까요. 부모님도 여러분의 도움이 필요해요! 장난감, 책, 야구공, 자전거는 여러분에게 꼭 필요한 물건이죠. 내가 걱정하는 건 '지나친 욕심' 때문에 이것저것 사 달라고 하는 태도예요. 사랑이나 유머 감각 같은 걸 빼고, 이 세상에서 가장 중요한 것은 공기, 깨끗한 물, 맛있는 음식, 그리고 입을 옷과 편하게 잘 수 있는 집이에요. 하지만 안타깝게도 사람들은 무엇인가 정말 비싸지고 바닥나기 시작할 때야 아끼기 시작해요. 무언가 손에 넣기가 굉장히 어려워지면, 곧 엄청나게 비싸지기도 하고요.

돈만 아껴야 하는 게 아니에요. 물, 가스, 전기, 종이, 음식, 그리고 시간과 욕망까지도 아껴야 하죠.

플로라와 파우나!
용감한 환경 운동가
두 친구를 소개합니다.

자원을 아껴 쓰면 기분이 좋아져요. 지구를 위해 좋은 일을 하는 거니까요. 아래와 같이 실천하도록 해요. 스무 가지밖에 안 돼요!

| 학교에 가거나 친구 집에 갈 때, 자동차를 타는 대신 걷거나 다른 교통수단을 이용할 수 있어요. 기차, 지하철, 자전거, 스쿠터, 스케이트보드, 롤러스케이트 같은 거요. 뭐 빠진 게 없을까요? 썰매라고요? 좋아요, 썰매도 탈 수 있죠. 하지만 눈이 펑펑 내리는 겨울이어야 되겠죠?

 2 자전거를 탈수록 다리가 튼튼해지고 엉덩이도 날씬해질 거예요. 겉모습도 멋있게 보이고, 여러분의 기분도 좋아지고요!

3 목욕할 때 욕조에 물을 가득 채우지 마세요! 가능하면 목욕 대신 샤워를 하는 게 좋아요. 하지만 오해하지 마세요. 이따금 엄마 아빠 손잡고 목욕탕에 때 밀러 가는 것까지 반대하는 건 아니니까요.

 4 설거지를 할 때 물을 틀어 놓지 마세요! 싱크대에 마개를 닫고 물을 받은 다음, 세제를 약간만 풀어 닦는 거예요.

5 이를 닦는 동안 수도꼭지를 틀어 놓지 마세요! 컵에 물을 받아서 입안을 헹궈요.

6 좌변기에는 물 절약형 물탱크를 설치하는 게 좋아요(부모님의 도움을 요청하세요). 물을 내릴 때 물을 적게 쓸 수 있답니다.

7 식기 세척기는 그릇이 가득 찼을 때만 사용하세요! 세탁기를 쓸 땐 합성

세제보다 EM 효소를 이용한 세제를 사용해요. 사람에게도 안전하고 환경도 해치지 않죠.

8 마당에 통을 두고 빗물을 모았다가, 나무에 물을 주거나 자동차를 세차해요.

9 전구가 망가져 새로 갈아야 할 때, 에너지 절약형 전구로 갈아 끼워요. 그래도 얼마나 환한지 몰라요.

10 방 밖으로 나올 땐 꼭 불을 꺼요.

11 외출할 때 엄마 아빠에게 핸드폰 배터리 충전기를 빼 놓으라고 말씀드려요.

12 밤에는 텔레비전과 컴퓨터 전원 코드를 뽑아 놓아요. 전원을 끄거나 대기 상태로 해 놓아도 코드를 뽑지 않으면 전력이 소모되거든요.

13 냉장고 문을 너무 자주 열지 마세요. 냉장고의 온도를 다시 낮추려면 전기가 많이 들거든요.

14 공책이나 연습장은 끝까지 쓰세요. 부모님께 재생 용지로 만든 공책을 사 주실 수 있는지 여쭤 봐요. 종이 색이 새것처럼 밝진 않지만, 나무 몇 그루는 구할 수 있을 테니까요.

15 여러분이 사 먹는 음식의 양과 종류를 살펴보세요. 식료품을 주의 깊게 고르면 음식 낭비를 피할 수 있어요. 장을 보기 전에 정말 필요한 게 뭔지 잘 생각해 보면 음식뿐 아니라 돈도 절약할 수 있답니다.

16 가까운 지역에서 생산한 채소와 과일, 제품을 사면 환경을 보호할 수

있어요. 먼 데서 실어 오느라 자동차 연료를 쓰지 않아도 되니까요.

17 철 지난 옷이나 안 쓰는 장난감, 책은 필요한 사람에게 주세요!

18 비닐봉지 대신 천으로 된 시장 가방을 써요. 비닐봉지는 분해가 되지 않아 환경에 해로워요. 천으로 된 가방은 훨씬 멋지고, 사용하기도 좋아요. 가방을 직접 만드는 재미도 쏠쏠하답니다.

19 집에서 채소를 길러 보세요. 상추나 시금치, 부추 같은 것 말이에요. 어떤 채소는 그냥 심어 두기만 해도 쑥쑥 자란답니다.

 **20** 주전자에 물을 끓일 때는 필요한 만큼만 물을 넣으세요!

여러분도 알겠지만 사람의 모든 생활이 환경과 연관되어 있어요.

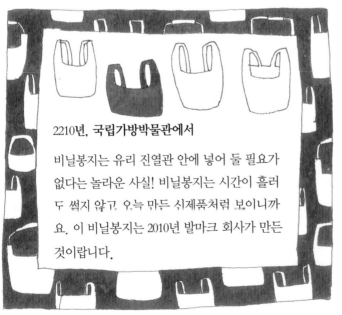

2210년, 국립가방박물관에서

비닐봉지는 유리 진열관 안에 넣어 둘 필요가 없다는 놀라운 사실! 비닐봉지는 시간이 흘러도 썩지 않고 오늘 막 만든 신제품처럼 보이니까요. 이 비닐봉지는 2010년 발마크 회사가 만든 것이랍니다.

이 중에서 여러분이 따르기 어려운 것이 있나요? 이런 지침들을 늘 실천하기가 쉽지만은 않을 거예요. 그건 나도 인정해요. 내 경우엔 설거지할 때 물 아껴 쓰기가 가장 어렵거든요. 물을 아껴 쓸 수 있는 다른 방법은 없을까요? 좋은 생각

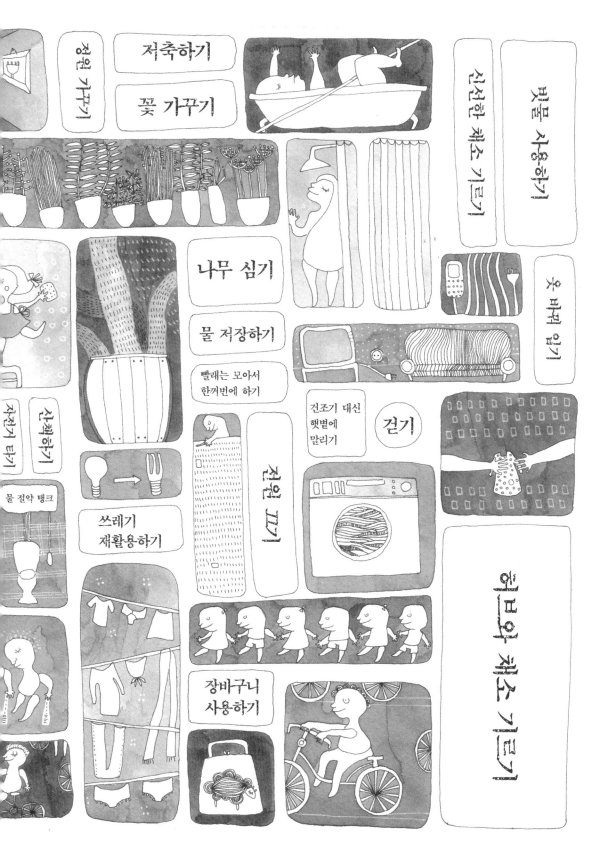

이 있다면 상자 안에 그려 보세요.

재활용에 대해 알아볼까요?

재활용이라는 개념은 환경 보호와 관련이 있답니다. 이건 나중에 설명해 줄게요. 여러분 집에 양초가 있나요? 나는 양초가 아주 많아요. 촛불이 타오르는 모습을 지켜보는 것도 좋고, 초를 커면 분위기가 살아나거든요. 초를 태우면 촛농이 생기는데, 사람들은 이걸 그냥 버려요. 하지만 나는 촛농을 버리지 않아요. 내 친구 소피는 촛농 조각을 가지고 뭔가 새로운 것을 만든답니다. 촛농 조각을 모두 모아 냄비에 넣고 데워요. 그럼 딱딱하게 굳은 촛농이 금방 액체가 돼요. 그런 다음 뜨거워진 촛농을 양초를 만드는 틀에다 붓고 가운데에다 새 심지를 꽂아요. 그리고 촛농이 식어서 딱딱하게 굳으면 새로운 양초가 돼요. 아주 예쁜 양초 말이에요.

이게 바로 재활용의 핵심이랍니다. 낡고 못 쓰게 된 것을 가지고 새로운 물건을 만드는 것이지요. 자, 어때요? 그럼, 여기서 잠깐 쉬었다 갈까요? 여기에 생일 케이크를 하나 그려 둘 테니 여러분 나이만큼 재활용 초를 그려 넣어 보세요.

양초 말고도 재활용할 수 있는 물건은 많아요.

● 플라스틱 병을 가지고 옷이나 양말을 만들 수 있답니다.

● 유리로 잼 병이나 꽃병, 보석을 만들 수 있어요.

● 종이로 새 지도나 책, 종이 상자, 심지어 가구도 만들어요.

● 플라스틱으로 다른 플라스틱 제품을 만들고요.

● 빈 깡통으로 새 통조림통을 만들지요.

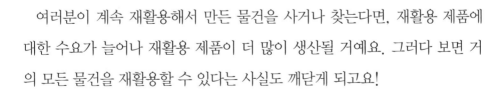

여러분이 계속 재활용해서 만든 물건을 사거나 찾는다면, 재활용 제품에 대한 수요가 늘어나 재활용 제품이 더 많이 생산될 거예요. 그러다 보면 거의 모든 물건을 재활용할 수 있다는 사실도 깨닫게 되고요!

이렇게 재활용을 하려면, 우선 재활용할 수 있는 물건들을 종류별로 구분해야 해요. 다시 말하면 쓰레기를 분리수거해야 된답니다.

쓰레기 분리수거

쓰레기처럼 보이는 게 전부 다 쓰레기는 아니에요! 아무 생각 없이, 무엇이든 쓰레기통에 던져 넣기만 한다면 환경을 지키는 훌륭한 사람이 될 기회를 잃어버리게 되죠. 어떤 쓰레기는 분리수거하기가 어려워요. 스스로 분해되지 않는, 무기물로 된 쓰레기가 대부분이랍니다. 칫솔이나 치실, 일회용 기저귀, 면봉 같은 것 말이죠. 이런 쓰레기는 일반 쓰레기통에 넣으면 돼요. 그런가 하면 음식물 쓰레기처럼 바로 재활용이 가능한 쓰레기도 있어요. 스스로 분해되는 유기물이기 때문이에요. 음식물 쓰레기가 분해되면 흙이 되거든요. 예를 들어 볼까요? 오렌지나 바나나 껍질, 달걀 껍데기, 사과나 고추 꼭지 같은 음식 쓰레기들은 퇴비로 만들기 좋아. 잠깐! "진짜 어렵군." 하고 이 책을 던져 버리기 전에, 한마디만 더 할게요. 퇴비는 흙을 만드는 데 가장 중요한 원료랍니다. 만약 여러분이 참을성 있게 이런 다양한 음식 쓰레기들을 모아 뒷마당에 흩뿌려 놓으면, 2~3주 뒤에는 오렌지나 감자 껍질, 사과 껍질이 놀랄 만한 기적을 일으킬 거예요. 바로 퇴비가 되는 것이지

86

요. 그 퇴비를 채소밭에 뿌리면 채소가 정말 잘 자라요. 바이오매스 기억나죠? 바이오매스 에너지가 바로 이런 원리로 만들어지죠.

우리의 목표는 일반 쓰레기통에 넣는 쓰레기를 점점 줄이는 거예요. 그런데, 종이나 유리, 플라스틱 병과 빈 깡통 등 쓰레기를 분리하는 것이 왜 필요할까요? 두말할 것도 없이 재활용을 위해서죠! 쓰레기를 분리해야 그것으로 뭔가 새롭고 중요한 것을 만들 수 있으니까요. 플라스틱 병은 물, 음료수, 깨끗한 물질들, 선크림, 식용유 등 정말 많은 것을 담을 수 있어요. 여러분이 꼭 지켜야 할 것이 하나 있는데요, 바로 기름을 싱크대나 변기에 붓지 않는 거예요. 기름을 처리하는 가장 좋은 방법은 마개가 있는 유리병이나 플라스틱 병에 기름을 모았다가 근처에 있는 재활용 처리 시설에 가져다주는 거예요. 이곳에선 자칫 위험할 수 있는 쓰레기를 안전하게 처리하지요. 그럴 수 없다면, 기름을 밀봉된 용기에 붓고 일반 쓰레기통에 버리면 돼요. 기름을 싱크대나 화장실에 부으면, 그대로 강으로 흘러가 생태계를 심각하게 파괴하게 되거든요. 이 사실을 잘 모르는 사람들도 있으니, 여러분이 친구나 가족들에게 꼭 이야기해 주세요.

오른쪽에 여러분이 빈 플라스틱 병과 종이, 유리를 가지고 가는 모습을 그려 보았어요. 그 모습이 꼭 사방에 장신구를 단 크리스마스트리 같네요. 누가 환경을 지키는 사람이 되는 게 쉽다고 했던가요? 다행히 집 근처에 쓰레기 분리수거 시설이 있다면, 햇볕이 뜨겁게 내리쬐는 날이나 눈보라가 치는 날 무거운 쓰레기를 들고 힘들게 걸어갈 필요가 없겠지요. 게다가 여러분을 도와주실 멋진 부모님도 있을 테니까요!

쓰레기 분리수거장에 가면, 다양한 색깔의 통을 볼 수 있을 거예요! 여러 가지 재활용 쓰레기를 잘 분리하기 위해서지요. 통에 표시된 대로 넣으면 돼요.

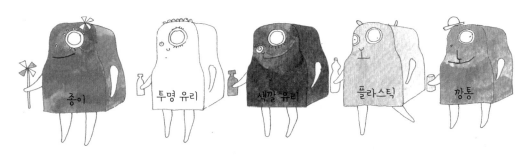

종이는
파란색 통에,

투명 유리는
하얀색 통에,

색깔 유리는
초록색 통에,

플라스틱 병은
노란색 통에,

빈 깡통은
회색 통에,

잘 넣어 주세요. 휙 던져 넣든지, 밀어 넣든지, 말아 넣든지 상관없어요. 그건 여러분 마음대로!

하지만 곧 재활용하게 될 병이나 종이, 캔 등을 휙 던져 넣든지, 밀어 넣든지, 말아 넣기 전에, 정확하게 잘 넣는 걸 잊지 마세요! 춤을 추면서 넣을 거면 멋진 스텝을 밟으면서 넣고, 태권도를 하면서 넣을 거면 우렁찬 기합 소리를 내며 넣고요! 아, 학원에 가야 한다고요? 그럼, 12초만 시간을 내서 사뿐사뿐 쓰레기통 앞으로 걸어가면 돼요. 유리를 쓰레기통에 던져 넣고 싶다고요? 그건 안 돼요. 유리로 만든 건 던져 넣으면 안 되죠. 정말 몰라서 묻는 건 아니겠죠?

유리를 제외하고, 납작하게 누를 수 있는 쓰레기는 모두 눌러 놓아야 해요. 쓰레기의 부피를 줄이면 줄일 수록, 쓰레기통이든 쓰레기 처리장에서든 부피를 덜 차지할 테니까요. 그럼 쓰레기를 더 많이 집어넣을 수 있고, 쓰레기 트럭이 덜 왔다 갔다 해도 될 거예요. 이런 방법으로 공간과 휘발유를 모두 아낄 수 있어요. 방금 이런 생각이 떠올랐어요. 여러분 학교에 가면 폐지가 잘 모아져 있나요? 조금만 생각해 보면, 이것도 쓰레기 분리수거의 일종이라는 것을 알 수 있을 거예요. 그러니 앞으로 더 분발하시길!

한번은 크리스마스가 지나고, 길가에 버려져 있는 크리스마스트리들을 보고 슬펐던 적이 있어요. 만약 그 나무들을 다 모으면, 그걸 가지고 만들 수 있는 게 아주 많을 거예요. 동물원에서 쓸 원숭이 사다리나 다리를 만들 수도 있고, 하다못해 해마가 쓸 이쑤시개를 만들 수도 있지 않겠어요? 크리스마스트리를 가지고 어떤 새로운 것을 만들 수 있을지, 생각해 보세요.

나한테는 좋은 생각이 있어요. 크리스마스트리를 마당에 꾸미는 거예요! 좋은 생각이죠? 다음 크리스마스에는 나무 한 그루를 새로 사야겠어요. 그리고 마당에 심을 거예요. 그럼 마당에 아름드리 소나무가 자랄 테고, 새들이 날아와 둥지도 틀겠지요. 그리고 크리스마스트리 쓰레기도 생기지 않죠.

우리가 쓰레기를 처리하는 습관 중에 고칠 점이 많다는 사실, 여러분은 이 책을 읽는 동안 눈치챘겠죠? 여러분한테 비밀 하나 알려 줄게요. 내가 생각해 낸 '티끌 모아 태산 게임'이라는 거예요. 방법은 아주 쉬워요. 매일 쓰레기 10개를 주워서 가까운 쓰레기통에 넣는 거예요. 나 자신을 위해 이렇게 하는 거예요. 만약 이렇게 하는 사람이 나밖에 없다면, 정말 얼마 안 되는 쓰레기가 모이겠죠. 하지만 이 책을 읽는 어린이가 1,000명이라고 해 보죠. 이 1,000명이 매일 쓰레기를 10개씩 줍는다면, 자그마치 1만 개가 쓰레기통에 들어가게 되는 거예요! 매일 1만 개. 정말 대단하죠? 이 이야기를 듣고 뭐 떠오르는 거 없어요? 아래에 지금 떠오른 생각을 쓰거나 그려 보세요!

이것도 재활용!

이 그림은 내가 예전에 그린 건데, 그동안 까맣게 잊었지 뭐예요. 이 책을 예쁘게 꾸미려고 옛날 그림을 꺼내 재활용하는 거랍니다. 누군가 이 그림을 보고 무척 좋아할지, 그건 모르는 일이잖아요.

낭비에 대해 이야기해 봐요.

허세든 사소한 행동이든 낭비란 결국 똑같아요. 수십 년 동안 우리는 에너지, 즉 물과 음식, 나무 등 자연의 선물을 낭비해 왔어요. 예를 들어 볼게요. 요즘은 뭐든 포장을 하죠. 내가 여러분에게 반지를 하나 사 준다고 해 봐요. 반지 가게에서는 반지를 아주 작은 플라스틱 상자에 넣을 거예요. 이 플라스틱 상자를 선물용 종이 상자 안에 또 담죠. 그런 다음 포장지로 싸서 리본을 묶어 종이 가방에 넣어 주면 끝.

나한테 받은 선물을 확인하려면 종이 가방에서 종이 상자를 끄집어내서, 리본을 풀고, 포장지를 풀어헤친 다음, 신나서 종이 상자를 획 집어던지고 작은 플라스틱 상자 뚜껑을 딸깍 열어야 해요. 잊지 마세요. 종이는 나무로 만들고, 나무는 기후 변화를 일으키는 가스 이산화탄소를 먹어 치운다는 사실을요. 모든 게 서로 연관돼 있다는 말, 기억하죠?

좋아요. 그렇다면 해결책은 뭘까요? 만약 선물을 살 거라면, 종이 포장을 하지 마세요. 친구에게 선물을 건네줄 때 여러분은 환경을 중요하게 생각해서 포장을 하지 않는다는 점을 설명해 주세요. 그럼 친구도 이해해 줄 거예요. 아니면 선물을 면 행주에 싸서 줘 보세요. 그럼 바로 버리는 대신 부엌에서 몇 달은 쓸 수 있을 테니까요. 그리고 친구가 그 행주를 쓸 때마다 여러분을 떠올리게 될 거고요.

환경을 보호하기 위한 여러분만의 기발한 방법을 찾아 보세요. 아무 상상력도 없는, 그런 따분한 환경 운동가가 되지 말고요. 작은 것에서부터 절약하는 법을 배우면, 여러분이 어른이 됐을 때 훨씬 큰 것도 아낄 수 있는 방법을 찾게 될 거예요.

따분한 환경 운동가 두 사람

12. 모두가 힘을 모아요

어떤 사람들은 자신은 무슨 짓을 하든 괜찮다고 생각하는 것 같아요. 환경 문제에는 신경도 쓰지 않고요. 하지만 여러분은 아무리 작은 행동이라도 결과에 영향을 미친다는 사실을 이미 잘 알고 있을 거예요. 그러니 담배꽁초처럼 작은 건 쓰레기가 아니라거나 강아지 똥은 바이오 콩이라는 변명 따위는 받아 줘선 안 돼요. 또한 남들은 다 귀머거리라고 여기거나 목소리가 큰 사람이 이긴다고 생각하는지, 다른 사람들에게 소리 지르는 걸 좋아하는 사람도 있어요. 하지만 얼굴이 빨개지도록 소리를 지른다고 해서 쓰레기를 아무 데나 버리는 사람을 그냥 내버려 둬서도 안 돼요.

원칙을 지키는 게 때로는 힘들다는 건 나도 알아요. 하지만 우리는 부모님에게 조금은 다르게 행동할 필요가 있다고 말씀드릴 수 있을 거예요.

쓰레기통이 안 보이니까!

그냥 일기부록에 이끄럽게 비린

이러면 좀 어때!

손이 미끄러워서 그만!

별 것 아닌데!

가끔은 긍정적인 변화도 필요하니까요. 사람들은 남에게 비판받는 걸 좋아하지 않아요. 나도 마찬가지고요. 하지만 껄끄럽거나 불편하더라도 바른 목소리를 내야 할 때도 있어요. 지금까지 이 책을 거의 다 읽는 동안, 여러분은 왜 우리가 행동에 책임을 져야 하는지에 대해 많이 깨닫게 됐을 거예요. 어른들은 학교에서 환경 보호에 대해 잘 배우지 못한 세대이기 때문에, 어쩌면 환경 보호에 대해 여러분이 어른들보다 더 많은 것을 알고 있을지도 몰라요. 이건 정말 중요한 이야기인데, 여러분 자신에게 믿음을 가지고, 옳다고 믿는 것을 위해 목소리를 높이세요!

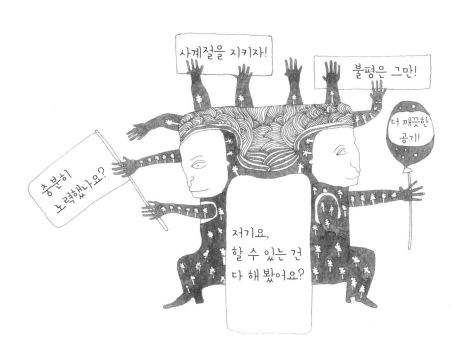

뻔뻔 군과 툴툴 양, 울보 양이 의자에 앉아 서로 불평을 늘어놓고 있네요.

뻔뻔 군: 소용없어. 우리가 지구를 벌써 다 망쳐 놓은걸. 구하려고 애써 봤자 헛수고야. 절대 성공하지 못할 거라고. 우리가 할 수 있는 건 없어.

툴툴 양: 말도 안 돼! 지구의 미래는 너무 어두워. 문제가 얼마나 많은지 한숨이 나온다니까. 낙담하기도 너무 늦었어! 슬퍼하거나 후회만 하고 있기엔 시간이 너무 부족해. 지금은 행동으로 보여 줄 때야. 하지만 뭘 어떻게 해야 하는지 모르겠어. 내 생각에 넌 이미 알고 있을 것 같은데! 넌 어릴 때부터 상상력이 풍부했잖아. 지구를 구하려면 상상력이 필요하거든. 분명한 사실은 우리가 살고 있는 이 세상은 모든 게 변하고 있다는 거야. 여기에 익숙해져야 해. 변화를 빨리 깨닫고 다가올 미래에 적응할 준비를 하는 게 좋을걸.

울보 양: 오랫동안 지구를 함부로 다룬 게 후회돼. 우리 할아버지 때부터 내려온 골치 아픈 유산이지만, 그렇다고 이런 말이나 하면서 모르는 척할 수 없잖아.

고마워요. 하지만 전 아무 상관없는데요.
그런 거 신경 쓸 기분이 아니에요.
제 문제도 아닌데요 뭘.
전 잘 모르는 일이에요.
다른 사람들이 알아서 하겠죠!

　문제가 무엇인지 아는 데 그칠 게 아니라, 최선을 다해 해결하는 것이 중요해요. 모든 사람이 병든 지구를 고치는 데 나설 수 있어요. 평범한 사람들도 환경 보호에 대해 배우고, 자기들이 버리는 쓰레기에 대해, 자기가 무엇을 사는지, 무엇을 사지 말아야 하는지를 알아야 해요. 어린이들 역시 환경을 보호하는 방법을 충분히 배운다면 지구를 지키는 더 좋은 길을 찾아낼 수 있을 거예요.

　지구를 해치는 많은 사람들이 나쁜 의도로 그런 행동을 하는 건 아니에요. 환경 보호의 중요성을 무시해서 그런 것도 아니고요. 예를 들면, 가난한 나라들은 환경 오염을 일으킬 수밖에 없어요. 왜냐하면 돈이 없어서 공장에 환경 오염을 줄이는 최신 설비를 갖추지 못하는 것이니까요. 가난한 나라 사람들이 타고 다니는 낡은 자동차도 부자 나라 사람들의 자동차보다 환경을 훨씬 더 많이 오염시키지요. 그렇다고 해서 가난한 나라 사람들이 지구를 지킬 수 있는, 날로 발전하는 기술에 관심이 없다는 말은 아니에요.

　문제가 생겼을 때 다른 사람만 탓하고 있으면 문제가 더 심각해지기도 해요. 왜냐하면 책임을 지고 해결 방법을 찾으려는 사람이 없기 때문이지요. 환경 문제를 예로 들어 볼까요? 환경 오염은 수많은 사람들이 책임질 일이다 보니, '나 하나쯤이야.' 하고 슬그머니 책임을 피하려는 사람들이 있어요.

하지만 괜찮아요. 여러분은 인류의 미래를 책임질 희망이에요. 여러분도, 나도 말이에요. 지구를 지키는 책임은 피할 수도 없고, 피하고 싶지도 않거든요. 여러분이 실험을 망칠 경우 벌어질 일이 무서워서 책임을 피하고 싶다고요? 측정이나 계산을 잘못해서 문제가 생길까 봐 피하고 싶고요? 뭔가를 다시 만들어야 하기 때문에 책임지는 것이 싫고요? 하지만 실수하는 게 인간인걸요. 지금도 많은 실수를 저지르고 있고요. 우리는 우리가 처한 위기를 똑바로 바라봐야 해요. 이 세상에 우리만 있는 것이 아니라 용감하고 책임감 있는 사람들이 얼마나 많은지 깨달으면, 아무 걱정 하지 않아도 될 텐데. 우리, 서로를 격려해 주기로 해요! 세상에서 일어나고 있는 좋은 일들을 보면서 영감과 용기도 얻고요! 세상에는 본받을 만한 좋은 일들이 얼마나 많은데요. 예를 들어 핀란드에서는 새 집을 짓기 위해 나무를 베지 않는대요. 어때요, 당장 배워야 할 게 아닐까요?

얼마나? 얼마나? 얼마나?
얼마나? 얼마나? 얼마나?

13. 이만큼만 더

인류 역사를 살펴보면, 어느 시대에나 도저히 풀 수 없을 것 같은 문제가 항상 있었답니다. 하지만 인류는 그런 힘든 상황에서도 결코 도망칠 수 없었지요. 문제를 바로 보고 해결책을 찾기 위해 노력하는 것이 훨씬 정직한 일이에요. 앞에서 내가 한 말 기억하나요? 모든 게 서로 연관돼 있다는 이야기 말이에요. 이 말은 여러분도 이 거대한 환경 이야기의 흐름 속에 있기 때문에, 여러분도 해결책을 찾는 중요한 역할을 맡고 있다는 뜻이에요. 요즘 인류에게 가장 큰 적은 바로 우리 자신이지요.

내가 여러분에게 들려준 이야기가 대부분 겁나는 소리라는 건 두말할 것도 없어요. 인류의 운명이 살아남느냐, 살아남지 못하느냐 하는 갈림길에 있으니까요. 실천은 두려움에서 비롯돼요. 여러분 자신을 보면 잘 알 거예요. 시험이 코앞에 닥쳤을 때 벼락치기로 공부를 해 본 적 없나요? 그때가 되면 공부를 하고 싶은지 아닌지는 더 이상 중요하지도 않다니까요.

이제 우리가 저지른 실수에서 교훈을 얻고, 잘못된 것을 바로잡을 때가 됐어요. 여러분도 준비됐나요?

한 가지 알아 둘 게 있어요. 여러분이 어른이 되면, 살아가면서 많은 것을 결정하게 된답니다. 어떤 직업을 가질지, 자전거를 살 것인지, 말 것인지, 머리를 어떤 색깔로 염색할 것인지부터 시작해서 환경 보호를 위해 패시브 하우스에서 살 것인지, 환경 단체에 가입할 것인지에 이르기까지 수많은 결정을 하게 되죠.

미래에 훌륭한 과학자가 된 여러분이 기후 변화라는 이 심각한 위기를 해결하는 건, 기분 좋은 상상이에요. 하지만 이것이 상상에 그치지 않고 그대로 실현될 가능성은 얼마든지 있답니다. 여러분 덕분에 환경 파괴와 지구 온난화의 악순환이 끊어질지, 누가 알아요?

꼭 기억해 주세요.

우리가 환경 문제에 대해 더 많이 이야기하고 지구를 지키기 위해 무언가를 하면 할수록, 해결책에 더 가까워진다는 사실을요. 내가 이 책을 쓴 이유도 바로 그것이지요. 모든 게 변하고 있어요. 나는 이 책이 언젠가는 유행에 뒤떨어진 책이 됐으면 좋겠어요. 더 이상 이 책을 읽을 필요가 없을 만큼, 환경 오염 걱정 없는 그런 세상이 되어서 말이에요! 여러분의 연구로 이 책에 언급한 여러 가지 문제가 해결될 수도 있으니까요. 모두가 지구를 위해 좋은 업적을 남겨서 인정받을 수 있도록 능력을 키웠으면 좋겠어요. 나는 중요한 문제를 다루는 과학자와 예술가, 창의적인 사람들에게는 응원을 아끼지 않아요. (여기에는 어린이들도 포함돼요.) 중요한 문제란 바로 아픈 지구를 살리고, 사람들과 환경을 돌보고, 창의적인 해결 방법을 찾는 걸 말한답니다. 여러분에게도 그렇게 응원할 수 있는 날이 빨리 왔으면 좋겠어요.

방금 좋은 생각이 하나 떠올랐다고요? 정말 실현시킬 수 있겠어요?

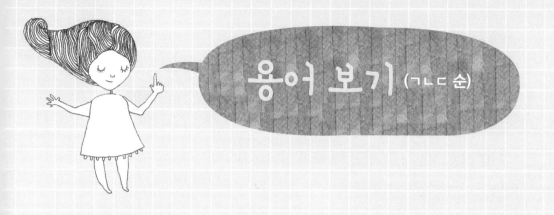

용어 보기 (ㄱㄴㄷ순)

경유 휘발유나 등유처럼 원유를 가공한 연료. 연소될 때 입자가 고운 연기가 나오는데, 이는 사람 폐에 해롭다. 트럭, 버스, 발전기, 기차 엔진의 연료로 사용된다. 유럽에서는 경유를 사용하는 자동차가 늘어나고 있다.

공기 질소 78%, 산소 21%, 기타 기체 1%로 이루어진 기체의 혼합체.

그린 에너지 재생 가능한 에너지 또는 대안 에너지라고도 한다. 바람, 태양, 물, 지열 에너지, 바이오매스 에너지 등이 여기에 속한다. 반대로 석탄이나 석유, 천연가스 등 화석 연료는 재생 불가능한 에너지로 양이 한정돼 있다.

그린피스 1971년 미국에서 만들어진 국제 환경 보호 단체. 지구의 소중한 자연 유산을 지키고 환경 파괴를 막는 것이 목표다. 이 단체 회원들은 '무지개 전사'라고도 불린다.

기상 이변 특정 지역에 나타나는 이상 기후 현상.

기상학 날씨에 대해 연구하는 학문.

기후 기온, 비, 눈, 바람 등의 대기 상태를 말한다. 비슷한 말로는 '날씨'가
있다.

기후 모델 전 세계에서 수집한 기후 조건에 대한 자료는 고성능 컴퓨터로
세세하게 분석된다. 그 결과를 통해 가깝거나 먼 미래의 날씨에 대해 예측
할 수 있다.

기후 변화 지구의 날씨에 생기는 변화. 이러한 변화는 장소에 따라 빠르게
혹은 천천히 나타날 수 있으며, 자연적인 이유도 있지만 인간이 원인이 되
기도 한다.

노벨상 스웨덴 출신 화학자이자 발명가인 알프레드 노벨이 설립한 상. 세
상에서 가장 앞서가는 과학자와 사상가에게 주어지며, 물리학 · 화학 · 의
학 · 문학 · 경제학 · 평화 부문에 각각 수여된다. 환경 보호와 관련해서는
2007년에 앨 고어가 처음으로 노벨상을 받았다.

대기 하늘. 지구를 둘러싸고 있는 공기층은 지구상에 동식물이 생존할 수 있게 해 준다. 대기에 있는 공기층들은 태양의 해로운 광선으로부터 생물을 보호해 주고 지구가 너무 뜨거워지거나 추워지는 것을 막아 준다.

대기층의 구성

1. 대류권: 하늘의 가장 아래층. 대기권에 있는 가스의 80%가 여기 있다. 날씨와 관련된 대기 활동도 여기서 이뤄진다. 지상에서 10~20km 높이까지가 대류권에 속한다.

2. 성층권: 두 번째 대기층. 오존층이 여기에 있다. 대류권에서부터 지상 50km 높이까지.

3. 중간권: 여기서부터는 매우 춥다. 성층권에서부터 지상 50~80km 높이까지. 대기권 바깥 우주에서 날아오는 유성(별똥별)이 중간권에 접어들면 타들어 가기 시작한다.

4. 열권: 가장 뜨거운 대기층. 이곳에 있는 가스들은 해로운 태양 광선인 자외선을 흡수한다. 인공위성도 열권을 돈다. 중간권에서부터 지상 500km 높이까지.

5. 외기권: 대기권의 가장 바깥쪽에 있다. 바깥 우주로 연결되며, 지상 500km 높이부터다.

등유 원유를 가공해 만든 연료. 주로 항공기 연료로 사용된다. 등유 (kerosene)는 '끈적거리다'라는 의미의 그리스 어 '케로스(keros)'에서 유래됐으며, 끈끈한 성질을 가지고 있다. 항공기는 등유를 연소시키면서 해로운 부산물을 많이 배출해 대기 오염의 주범이 되고 있다.

로마 클럽 이탈리아 출신 기업가 아우렐리오 페체이가 설립한 최초의 환경 운동 단체. 페체이는 환경을 보호하기 위해 무언가를 해야 한다고 결심하고 1968년 이 단체를 만들었다. 이 단체에 속한 전문가들은 해마다 지구 환경을 관찰하고 미래에 나타날 환경 문제를 예측해 기록을 남긴다.

메탄 무색무취의 온실가스. 화학식은 CH_4. 주로 동식물의 사체가 분해될 때 발생한다. 천연가스의 주요 요소다. (습지 식물들이 썩을 때 나온다고 해서) 습지 가스라고도 한다.

바이오매스 그린 에너지를 얻을 수 있는 식물 성분 덩어리. 바이오매스로 연료를 만들 수 있다.

반사율 지표면이 태양 빛을 얼마나 잘 반사하는지를 나타낸 것으로 '알베도'라고도 한다. 지구에 도달한 태양 광선은 지구 표면을 고르게 덥혀 주지는 않는다. 따뜻함의 정도는 빛이 어두운 지역에 부딪히는지, 밝은 지역에 부딪히는지에 달려 있다. 어두운 지표면은 빛을 더 많이 빨아들여 더 따뜻해지는 경향이 있다. 반대로 밝은 지표면은 빛을 어느 정도 반사하기 때문에 천천히 따뜻해진다. 극지방의 빙원은, 어딜 가나 하얗기 때문에 태양 빛의 90%를 반사한다. 만약 지구에서 이런 밝은 지역이 줄어들면, 지구는 더 빠른 속도로 온도가 올라가게 될 것이다.

부자 나라 사회 구성원 대부분이 경제적으로 윤택한 조건에서 사는 나라를 가리킨다. 쉽게 말해서 직업, 음식, 깨끗한 식수, 의료 서비스를 누리는 데 어려움이 없으며, 자기가 가고 싶은 곳은 어디든 여행할 수 있는 권리가 주어지는 나라이다.

생태계 생물이 살아가는 세계.

생태 발자국 일상생활을 하면서 소모하는 자원의 양이 얼마나 되는지 보여 주는 가상의 발자국 .

세계 기상 기구(IPCC) 기후 변화에 관한 정부 간 협의체. 유엔이 인정한 과학 기구다. 과학자들이 모여 날씨에 대한 정보를 모으고 분석하며 많은 사람들이 알기 쉽게 해설하고 종합한다.

수증기 '증기'라고도 한다. 화학식은 H_2O. 수증기는 물이 증발한 뒤 대기에 들어가는, 눈에 보이지 않는 온실가스다.

스모그 오염된 공기가 안개 모양이 된 것. 스모그가 생기면 하늘이 뿌옇고 호흡기에 해롭다.

실내 등유 원유를 가공한 연료. 폭발하는 성질이 없어, 19세기에 석유램프가 유행했다. 옛날에는 빛을 밝히기 위해 석유를 사용했지만, 나중에는 난방을 위해 쓰는 경우가 더 많았다.

아산화질소 가장 해로운 온실가스. 대기 중에서는 극히 적은 양만 검출된다. '웃음가스'라고도 한다. 화학식은 N_2O.

아이슬란드 유럽 서북부 북대서양에 위치한 섬나라. 수도는 레이캬비크. 140개의 화산이 있다. 아이슬란드의 지표면은 간헐 온천으로 뒤덮여 있어 지열 에너지를 이용하기 좋은 조건이다.

열대 우림 많은 종류의 상록 식물로 뒤덮여 있는 광활한 숲. 이런 지역에는 비가 많이 내리고 습도가 높다.

오존 세 개의 산소 원자로 이루어진 불안정한 분자. 화학식은 O_3.

오존층 성층권에 있는 보호막으로, 자외선을 흡수한다.

온실가스 수증기, 이산화탄소, 메탄, 아산화질소, 오존 등 지구의 대기를 감싸 지구의 온도가 급격히 떨어지는 것을 막아 주는 기체.

온실 효과 태양 광선이 대기를 통과해 지구 표면에 닿은 뒤 다시 반사될 때, 온실가스에 가로막혀 태양열이 대기 중에 남게 되는데, 이 때문에 지구가 뜨거워지는 현상을 말한다.

우주복 우주 비행사가 우주 공간을 유영할 때 입는 특수 보호복. 우주복 안의 기압은 지구 표면 근처의 기압과 비슷하다. 우주복은 비행사들에게 산소를 공급하고 해로운 광선으로부터 인체를 보호한다.

유엔기후변화협약(UNFCCC) 기후 변화와 환경 보호를 주제로 한 국제 기후 회의로, 1997년 일본 교토에서 열린 제3차 총회가 가장 유명하다. 이때 채택된 '교토 의정서'에서는 선진국들의 온실가스 감축 의무를 규정했다.

이산화탄소 무색무취의 온실가스. 화학식은 CO_2. 동식물의 호흡 활동과 석탄 등 화석 연료를 연소시킬 때 주로 발생한다.

이엠(EM, Effective Microorganisms) 효모, 유산균 등 80여 종의 유용한 미생물을 모아 배양한 것으로 세제, 유기농업 등에 쓰인다.

인구 과잉 지구가 제공할 수 있는 음식과 물의 양보다 사람들이 더 많이 태어나는 현상이다. 인류 전체에 악영향을 미칠 수 있다.

자외선 태양은 파장의 길이가 각각 다른 광선을 방출한다. 파장이 짧은 광선을 자외선이라고 하는데, 인체에 무척 해롭다. 단, 뼈가 건강하게 자라기 위해서는 어느 정도의 자외선이 필요하다.

중수소 질량수가 2인 수소의 동위원소로 무거운 수소라는 뜻이다. 핵융합 에너지의 원료이다.

지각 지구의 바깥쪽을 차지하는 부분.

지구 온난화 지구 표면의 평균 온도가 눈에 띄게 올라가고 있는 현상. 자연적인 이유도 있지만, 인간이 이를 초래한 면도 있다. 과학자들은, 인간이 일으킨 환경 오염 때문에 지구 온난화와 같은 걱정스러운 현상이 나타나고 있다고 주장한다.

지속가능한 개발 미래 세대를 위해 환경을 파괴하지 않는 범위 내에서 개발과 이익을 추구하는 것. 무분별한 개발은 인간의 생존을 위협할 수 있기 때문이다.

태양 방사 태양에서 나오는 광선. 에너지가 많고 파장이 짧은 자외선(7%)과 에너지가 적고 파장이 긴 적외선(49%), 가시광선(44%)으로 이루어져 있다.

퇴비 유기물이 분해돼 만들어진 흙.

패시브 하우스 그린 에너지를 사용할 수 있게 만들어진 집. 난방이나 온수 시설을 예로 들면, 뛰어난 절연 처리로 열이 밖으로 빠져나가지 못한다. 미래지향적인 건축 기술로 각광받고 있다.

플로라와 파우나 식물(플로라)과 동물(파우나) 세계를 부르는 이름. 플로라는 로마 신화에 등장하는 꽃의 여신 이름에서 유래했다. 파우나 역시 로마 신화에서 생식을 상징하며 숲과 가축의 보호자로 등장하는 신의 이름이다.

헥타르 면적의 단위. 1헥타르는 100만 평방미터이다.

화석 아주 오랜 옛날(지질 시대)에 살았던 고생물의 유해가 퇴적물에 남아 있는 것.

화석 연료 석탄, 석유, 천연가스 등 수백만 년 전 죽은 동식물로 만들어진 연료.

환경 운동가 지구를 보존하기 위해 실천하는 사람. 지구와 지구에 사는 생명체에 장기적으로 해가 되는 일이 일어날 때 자신의 원칙을 지키고 반대하는 목소리를 낸다.

환경친화 환경을 오염시키지 않고 자연 그대로의 환경과 잘 어울리는 것을 의미한다.

휘발유 원유를 가공해서 만든 연료. 가솔린이라고도 한다. 오늘날 대부분의 자동차 엔진이 휘발유로 작동한다. 휘발유를 연소시키면 이산화탄소와 같은 온실가스가 배출된다.

옮긴이 김배경

가톨릭대학교를 졸업하고 영국 스털링대학교에서 출판학 석사 학위를 받았다. 교계 신문 취재
기자를 거쳐 출판사 편집자를 지내고, 지금은 '한겨레 어린이 청소년 번역가 그룹'에서 활동하고
있다. 옮긴 책으로는 『소곤소곤 마을에서 두근두근 마을까지 한걸음』 『줄 서세요!』 『나는야 베들
레헴의 길고양이』가 있다.

지구에서 계속 살래요 지구의 미래를 생각하는 책
초판 1쇄 2015년 4월 15일 | 초판 5쇄 2020년 5월 10일

글쓴이 · 그린이 게바 실라 | 옮긴이 김배경 | 감수 · 추천 이정모
펴낸이 김찬영 | 편집 백모란 | 마케팅 김경민 | 펴낸곳 책속물고기
주소 경기도 파주시 문발로 115, 2층 202호(문발동, 세종출판벤처타운)
전화 02-322-9239(영업) 02-322-9240(편집) | 팩스 02-322-9243
책속물고기 카페 http://cafe.naver.com/bookinfish | 전자 메일 bookinfish@naver.com
출판등록 제2009-000052호

ISBN 978-89-94621-86-9 13450

이 도서의 국립중앙도서관 출판예정도서목록(CIP)은
서지정보유통지원시스템 홈페이지(http://seoji.nl.go.kr)와
국가자료공동목록시스템(http://www.nl.go.kr/kolisnet)에서
이용하실 수 있습니다.(CIP제어번호: CIP2015005663)

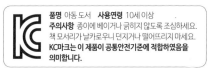

품명 아동 도서 **사용연령** 10세 이상
주의사항 종이에 베이거나 긁히지 않도록 조심하세요.
책 모서리가 날카로우니 던지거나 떨어뜨리지 마세요.
KC마크는 이 제품이 공통안전기준에 적합하였음을
의미합니다.

*이 책의 내용을 쓰고자 할 때는, 저작권자와 출판사 양측의 허락을 받아야 합니다.
*잘못된 책은 바꾸어 드립니다.
*값은 뒤표지에 있습니다.

NAGYON ZÖLD KÖNYV